这就是科学 ↘

韦亚一博士，国家特聘专家，中国科学院微电子研究所研究员，中国科学院大学微电子学院教授，博士生导师。1998 年毕业于德国 Stuttgart 大学 / 马普固体研究所，师从诺贝尔物理奖获得者 Klaus von Klitzing，获博士学位。

韦亚一博士长期从事半导体光刻设备、材料、软件和制程研发，取得了多项核心技术，发表了超过 90 篇的专业文献和 3 本专著。韦亚一研究员在中科院微电子所创立了计算光刻研发中心，从事 20nm 以下技术节点的计算光刻技术研究，其研究成果被广泛应用于国内 FinFET 和 3D NAND 的量产工艺中。

《这就是科学》：

科学的发展和知识的积累是现代社会进步的标志；严谨科学的思维也是衡量一个人成熟与否的重要指标。通过阅读本书中一个一个鲜活生动的故事，孩子们不仅可以学习到科学知识，而且可以培育科学的思维和逻辑推理。

韦亚一
2020.12.14

《这就是科学》：

科学的发展和知识的积累是现代社会进步的标志；严谨科学的思维也是衡量一个人成熟与否的重要指标。通过阅读本书中一个一个鲜活生动的故事，孩子们不仅可以学习到科学知识，而且可以培育科学的思维和逻辑推理。

韦亚一
2020.12.14

· 科学启蒙就这么简单 ·

在漫画中学习科学，在探索中发现新知

这就是科学

力与热的变奏曲

李 妍◎编著

吉林文史出版社
JILIN WENSHI CHUBANSHE

图书在版编目（CIP）数据

力与热的变奏曲 / 李妍编著 . -- 长春 : 吉林文史
出版社 , 2021.1

（这就是科学 / 刘光远主编）

ISBN 978-7-5472-7441-5

Ⅰ . ①力… Ⅱ . ①李… Ⅲ . ①力学—儿童读物②热学
—儿童读物 Ⅳ . ① O3-49 ② O551-49

中国版本图书馆 CIP 数据核字 (2020) 第 228183 号

力与热的变奏曲
LIYURE DE BIANZOUQU

编　　著：李　妍
责任编辑：吕　莹
封面设计：天下书装
出版发行：吉林文史出版社有限责任公司
电　　话：0431-81629369
地　　址：长春市福祉大路出版集团 A 座
邮　　编：130117
网　　址：www.jlws.com.cn
印　　刷：三河市祥达印刷包装有限公司
开　　本：165mm×230mm　1/16
印　　张：8
字　　数：80 千字
版　　次：2021 年 1 月第 1 版　2021 年 1 月第 1 次印刷
书　　号：ISBN 978-7-5472-7441-5
定　　价：29.80 元

前 言 💡Contents

作为科学学科的两大领域，同时也是我国初高中学生的必修课，物理和化学向来被看作是广大学生难以攻克的两大学科。复杂多变的物理环境、物理现象，深奥难解的化学组合、化学反应……曾经是令无数学子望而却步的高峰。如何轻松有效地学习好物理化学，想必是很多学子乃至家长绞尽脑汁想要解决的难题。

其实，学好物理化学这件事，并没有想象中那么难，也没有那么复杂。

如果我们用一颗轻松的心来看待这两门学科，同时试着将两者与我们的生活联系在一起，那么，你就会发现：原来生活中竟隐藏着如此之多的物理知识和化学常识！你也会发现：原来曾经以为高不可攀的科学高峰，竟然也有攀岩而上的道路！

是啊，这就是物理，这就是化学，这就是我们生活中隐藏着的科学，它并不难懂，也并不复杂，相反，它是严谨而有趣的生活点滴。

试想，我们每天都能看到的光、听到的声、感受到的热……它们都是从哪里来的呢？是什么原因导致了它们的产生？又是什么原因能让我们感受得到它们？而它们身上又有哪些不为人知的奇妙知识呢？

试想，我们吃的食物、穿的衣服、用的东西……它们是由哪些成分构成的呢？这些成分对人体又有哪些作用？我们对这些成分的利用还有什么产物呢？

　　试想，包括我们人类在内，存在于这个世界上的物质，到底是什么呢？而所谓的密度、质量和重量，又是什么呢？我们生活着的这个世界的种种现象和反应，又如何解释和理解呢？

　　想要知道这些，那就改变你的观念，不再用畏惧甚至抗拒的心态去看待科学的物理和化学，相反，我们应该用一颗好奇且有趣的心去学习物理和化学，这样，你就会感受到光的明亮和炙热，感受到声音的清脆和悦耳，感受到四季更迭中的物质变化，感受到能量交替中的守恒定律，感受到分子原子内部蕴含的强大能量……到那时，你会发现：原来，科学还能这样学！

　　科学之所以是科学，贵在它是人类经过数千数万年的探索、研究和总结而得出的宝贵经验，它来源于生活，更高于我们的生活。所以，如果我们用生活化的眼光去看待它，就会获得更加生活化、更加趣味化的知识。

　　这样有趣的学习方式，正是每个孩子需要的，比起枯燥的知识灌输，让知识变得灵活起来，才是学习的有效途径。

　　所以，快来趣味的科学世界遨游一番吧！

本书编委会

目 录  Contents

谁是大力王

　　力是物体对物体的作用，力不能脱离物体而存在。

　　当我们讨论某一个力时，一定涉及两个物体，一个是施力物体，另一个是受力物体。

周末午后，写完作业的方块正悠闲地躺在床上看漫画书。

这时，客厅里突然传来一阵清脆的电话铃声，"丁零零——"

方块一个鲤鱼打挺，飞快地从床上跳起来，朝客厅跑去。

"喂——"方块拿起电话，好奇地问道，"请问是谁呀？"

"哈哈哈，方块，我是歪博士呀！"电话那头传来歪博士的笑声。

"歪博士……怎么是您呀？"听到歪博士的声音，方块非常兴奋，"我都好长时间没见着您了——您有什么事吗，歪博士？"

"方块，你和红桃、梅花好久没来智慧屋了，听说最近你们在准备期中考试，我想着学习之余，也得让你们放松放松才行，所以……"说到这里，歪博士故意停了停，然后继续说道，"所以，我特意为你们发明了一个放松的小

玩意儿，想邀请你们下午过来体验一下，顺便来智慧屋做客……"

"歪博士，您真是太好了！我现在就出门！"方块激动地大声喊道。

"那太好了，我刚刚已经给红桃和梅花打过电话了，你们三个路上注意安全，我和智慧1号在智慧屋等你们哦！"歪博士笑着说。

半小时后，方块、红桃和梅花一起出现在智慧屋门口，歪博士和智慧1号正站在门口迎接他们。

"哈哈，方块、红桃、梅花，欢迎你们！"歪博士眉开眼笑地说。

"欢迎！欢迎！"智慧1号一边拍手一边跟着说。

"歪博士，您电话里说发明了一个小玩意儿，是什么呀？快带我们去看看吧！"方块冲到歪博士跟前，迫不及待地问。

"方块，你急什么呀！待会儿进去不就知道了！"梅花一副淡定自若的样子。

"是啊，方块，你快别缠着歪博士了，我们一起进去看看！"红桃一边拉着方块往里走，一边劝说。

走进智慧屋后，方块连忙四处打量起来。很快，他就发现客厅正中央摆着一个用红布罩起来的神秘东西，他赶忙冲过去，一下掀开了红布，只见一台亮闪闪的打地鼠游戏台出现在眼前。

"歪博士，这就是您说的好玩的小玩意儿吗？"方块惊喜地扭头问道。

"对呀！"歪博士笑道，"这是我最新改良发明的打地鼠游戏台，它的最大特色就是比的不是手速快，而是手劲大，只有手劲大的人才能打中地鼠，然后为这个游戏台充电，否则，就不能玩它了！"

"手劲大？"方块、红桃和梅花忍不住异口同声地问道。

"没错！"歪博士笑道，"今天你们三个就来场比赛，看看谁的手劲大，谁是大力王！"

"为什么要比力气呀？"方块歪着脑袋问。

"因为力可是物理学中一个非常重要的基本概念，"歪博士笑着说，"它是物体对物体的作用，能使物体改变运动状态或形变……就拿这个打地鼠游戏台来说，只有足够大的力气，才能让被打中的地鼠百分之百地受力，然后击中藏在地鼠下边的按钮，让游戏台获得电量，继续运转起来。"

力一般用字母"F"表示，在国际单位制中单位是牛顿，简称牛，用符号"N"表示。力不能脱离物体而单独存在，两个不直接接触的物体之间也可能产生力的作用，力的作用是相互的。

听到这里，方块、红桃和梅花一下对这个打地鼠游戏台充满了好奇，于是，他们决定通过猜拳的方式来确定玩打地鼠游戏台的先后顺序——红桃第一，梅花第二，方块第三。

红桃开心地走到游戏台前，兴冲冲地拿起锤子，朝着冒出脑袋的一

只地鼠狠狠打下去。这一下可算是使出了吃奶的劲儿，红桃的脸都变红了，但遗憾的是，这股劲儿只有百分之七十。

"我来试试！"梅花说着接过红桃手里的锤子，然后鼓足劲儿砸下去，然而，平时只知道读书的她，这一下还不如红桃刚刚那一下有劲儿呢！

"哈哈，你们两个的力气都太小了吧！"方块有些得意地大笑道，"换我来！"

什么是力的图示？

用一条有向线段把力的三要素准确地表达出来的方式称为力的图示。大小用有标度的线段的长短表示，方向用箭头表示，作用点用箭头或箭尾表示，力的方向所沿的直线叫作力的作用线。力的图示用于力的计算。判断力的大小时，一定要注意线段的标度，在不同标度下，短线段表示的力不一定比长线段表示的力小。

说完，方块便自信满满地从梅花手里接过锤子，然后抓准时机，一鼓作气地朝一只探出脑袋的地鼠砸去，只听到"咚"的一声，游戏台四周的彩灯突然有节奏地闪烁起来，里边还传出一声喝彩："太棒了，你是真正的大力王！"

方块这一下居然达到了百分之百的力量，成功让被打中的地鼠触动了下方的按钮，游戏台成功获得了电量。

"耶！我太棒了！"方块兴奋起来，只不过，他马上停了下来，然后双手握在一起说，"歪博士，为什么我的手突然感觉有点痛呢？"

"哈哈！"歪博士笑着说，"这是因为，力是物体对物体的相互作用，当物体受到别的物体作用时都会施力，也就是说，受力物体一定同

时也是施力物体……刚才你用力砸了地鼠，地鼠也会给你的手施力。其实生活中也有很多类似的情况，比如马拉车时，车也拉马；人扛木头时，木头也在压人。"

听了歪博士的解释，大家恍然大悟，觉得这个打地鼠游戏台太有趣了，不仅能让他们放松心情，而且还能让他们学到知识。方块、红桃和梅花又开始猜拳准备比拼谁是大力王了。

我爱
做实验

能够撬动地球的杠杆

希腊科学家阿基米德有一句流传千古的名言："假如给我一个支点，我就能撬动地球。"阿基米德能用什么来撬动地球呢？我们一起通过实验来看一看吧！

实验目的：体会用剪刀剪铁丝时，所用力的大小与杠杆的长度（动力臂）有关系。

实验准备：常用的剪铁丝的剪刀、一段细铁丝。

实验过程：

1．手握在离转轴较近的剪刀柄上，试着剪一下细铁丝，是否能剪断，体会用力的大小。

2．手握在离转轴稍远一些的剪刀柄上，再剪一次细铁丝，若能够剪断，体会用力的大小。

3．手握离转轴最远的钳柄末端，再剪铁丝，体会剪断所用

力的大小。

物理原理：在交点和阻力固定不变时，动力的作用点离支点越远，动力臂越长，越省力。

小明和爸爸玩跷跷板，爸爸坐在离转轴较近的位置，小明坐在跷跷板的最外端，小明反而把体重沉的爸爸压到了高处，就是因为小明的动力臂较大。

力学故事

当人们推拉物体时，可以感受到"力"的模糊概念。被推拉的物体发生运动以及物体在滑行时，由于摩擦而逐渐变慢，最后停止下来，都反映了力的作用。在我国古代文献《墨经》中，这个概念被总结为"力，形之所以奋也"。换言之，力是使物体奋起运动的原因。所以，力是自然地反映到人的意识中来的。

在西方，力的概念在物理科学中提出以前，首先在哲学中发生争论，甚至可以说，整个中世纪，关于力的概念深受亚里士多德思想的束缚，没有取得什么进展。

后来，伽利略对经典力学的建立做出重要贡献，同时提出了惯性原理，指出：物体在不受外力作用的条件下，能连续做匀速运动，成功把力和速度的变化联系在一起。在这一基础上，牛顿研究并提出了著名的"牛顿三大定律"。

牛顿三大定律

在力学领域，牛顿的研究和贡献是杰出的，特别是他的万有引力理论，成功使超距作用力的概念推广到物理学的其他分支中去。不过，牛顿并没有从物理上说清超距作用的实质，直到1905年，当爱因斯坦提出狭义相对论后，人们才认识到牛顿有关超距作用力的概念是存在一定局限性的。

1. 力学是物理学的一个分支学科。

2. 力学可分为静力学、运动学和动力学三部分。

3. 力根据性质可分为：重力、万有引力、弹力、摩擦力、分子力、电磁力、核力等。

失灵的温度计

用温度来表示物体冷热的程度，摄氏度是温度的一种单位。在标准大气压下，水在 0℃结冰，100℃沸腾。

歪博士爱提问

温度的单位是什么？
用什么来测量温度？ >>>

一大早起来，方块就兴冲冲地来到红桃家，准备和红桃一起出去玩。可是到了红桃家，方块才发现，红桃还躺在床上没有起来呢。

方块跑到红桃的床边，大声说："你这个懒虫，快点起床了，太阳都晒到屁股了。"

红桃有气无力地说："不是我懒，是我今天有点感冒，非常不舒服，我好像发烧了。"

方块说："你家的体温计在哪儿？我来帮你量量体温。"

红桃说："就在旁边的抽屉里。"

方块在抽屉里找到了体温计，赶紧给红桃测量体温。5分钟后，他

取下体温计一看，发现温度只有 36.5℃，就说："红桃，你的体温很正常，一点儿都不发烧。"

红桃虚弱地说："不可能啊，我觉得我烧得很厉害呀，不信你摸摸我的额头。"

方块伸出手摸了摸红桃的额头，觉得确实有点烫，就说："你这体温计不是坏了吧？我一会儿研究一下，现在我先去倒点热水给你喝。"

方块拿着温度计来到厨房，给红桃倒了一杯热水，突然想到：我把体温计放到热水里，看看数值有没有变化，不就知道体温计坏没坏吗？天哪，我简直是个天才。

于是方块就把体温计放进了热水里，只听见"啪"的一声，体温计的头裂了，断成了两截。方块赶紧把碎了的体温计拿出来，可是杯子底部还有一大颗红色的东西。他只好端着这杯"水"来到了红桃的床边。

红桃见方块把水端过来了，赶紧坐起来，接过水仔细一看，里面居然有一颗红色的东西，就问："方块，这个红色的东西是什么？"

水银温度计的原理非常简单，就是利用水银的热胀冷缩。温度计的测量方法可以分成接触式的、非接触式的，但是总体来说，接触式的温度计测量准确性相对较高。

方块支支吾吾地说："刚才你说体温计坏了，我就想试试它到底坏没坏，就把它放进热水里了，没小心，它突然裂了，这个红色的东西就是从里面流出来的。"

红桃惊讶地说:"我的天啊,这是水银啊!你怎么能给我喝呢?"

方块挠挠头说:"我不知道这是什么,也不是故意把温度计弄坏的,更不是想给你喝水银,只是想给你倒杯热水,顺便看看体温计坏没坏。"

红桃叹了口气说:"唉,这水银是有毒的,要不是我及时发现,都要被你给害死了!"

方块后怕地说:"啊,我不是故意的,我不知道里面是水银,也不知道水银有毒,对不起。"

水银温度计在使用时有哪些注意事项?

使用之前一定要先注意观察上面能够测量的最高温度是多少,以免超出能够测量的最高温度,使温度计被破坏。一旦不小心将水银温度计打破,要先开窗通风,再将玻璃碴和水银清理干净。

红桃说："没关系，幸好我及时发现，要不然后果会非常严重的。现在你跟我说说，你是怎么把体温计弄坏的？"

方块说，他就是把它放到了热水里，然后它就裂了。

红桃说："你在使用体温计之前，要观察它的量程和最小刻度值，我们平常用的体温计，测量范围大概是在35℃到42℃，你把它放进热水里，它当然会爆炸呀！"

方块想了想，说："哦，原来是这样啊，我还以为体温计能测所有的温度呢，所以想也没想就把它放进了热水里。"

人的感觉与温度

人对温度的感觉真的可靠吗？小朋友们，让我们一起来做个实验吧！

安全提示：本实验要用到热水，请注意安全，避免受伤。

实验目的：了解温度。

实验准备：三只烧杯、冷水、热水（手不要伸进热水里，以免烫伤）、温水。

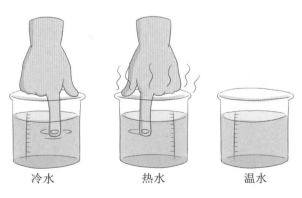

冷水　　　　热水　　　　温水

实验过程：

1. 在三只烧杯中分别装入冷水、热水和温水。

2. 让一名同学分别把两只手的手指放入冷水和热水（手不要伸进热水里，以免烫伤）中，感觉一下冷、热水的温度高低。

3. 再把两只手指同时放入温水中，感觉一下温度。

物理原理：

从冷水中取出的手指放在温水中感觉热，从热水中取出的手指放在温水中感觉冷。由此得出，人对温度的感觉并不一定可靠。

冬天，当手被冻凉后，用手去摸滚烫的热水袋，并不会马上觉得热得受不了。

伽利略和温度计

17世纪之前，医生只能靠触觉来判断病人的体温。这种方法很不可靠，经常会误诊，不但耽误了病人的治疗，有时甚至会造成生命危险。当时，意大利著名的科学家伽利略正在一所大学当教授，他听说了医生的困惑之后，便希望能发明一种可以准确测量病人体温的仪器。

一天，伽利略正在给学生演示实验。他问："我们烧开水的时候，为什么水温升高了，水面也会上升呢？"

一个学生回答道："这是因为'热胀冷缩'的原理，水的温度越来越高，体积膨胀，水面就上升；当水冷却后，体积缩小，水面自然就下降了。"

伽利略点点头，这是一个基本的物理学常识。突然，他又想：我可不可以用这个原理做出测量体温的仪器呢？于是，伽利略根据"热胀冷缩"的原理猜想：如果温度发生变化，那么液体或气体的体积也会发生变化，根据这一原理，就可以做出精确测量体温的仪器了。

1592年，伽利略终于制作出世界上第一支气体温度计。后来，人们又对温度计进行了改进，相继制造出酒精温度计、水银温度计，而且测量的结果也越来越精确。直到现在，小小的温度计依然是诊断病情的重要仪器之一。

1. 温度计是能连续自动记录温度随时间变化的仪器。

2. 温度计分为指针温度计和数字温度计。

3. 目前已设计制造的温度计包括煤油温度计、酒精温度计、水银温度计、气体温度计、电阻温度计、温差电偶温度计等。

选哪种溜冰鞋

两个相互接触并挤压的物体在运动过程中形成的力叫作摩擦力。

摩擦力的方向与物体相对运动或相对运动趋势的方向相反。

学校要举行溜冰大赛，平时非常喜欢溜冰的方块第一个报名参加。为了鼓励方块，让他在比赛中获得好成绩，歪博士决定送方块一双新溜冰鞋。

这一天，歪博士特意带着方块、红桃和梅花去逛商场，准备让方块自己选溜冰鞋。

"歪博士，你真是太好了！"方块开心地边走边说，"我保证，一定穿着您送我的溜冰鞋拿第一名！"

"哈哈，那就是最好的了！"歪博士和蔼地笑道。

由于方块实在是太开心了，走路又蹦又跳，差一点儿就失去平衡撞在商场的柱子上，幸好红桃及时出手拉住了他。

"方块，你小心一点儿，看着点路！"红桃紧紧拽着方块的胳膊说。

"方块，照你这样子，连正常的路都走不好，还想在冰面上得第一，这岂不是做梦嘛！"梅花有些怀疑地质问道。

"才不是呢！"方块赶忙反驳道，"刚才那是意外，是我太兴奋了……等着吧，我一定会在溜冰大赛上拿个第一名让你看看！"

说话间，大家已经走到专门售卖溜冰鞋的店门口。

"方块，去挑选你喜欢的溜冰鞋吧！"歪博士指着店内各种各样的溜冰鞋说。

"好嘞，去挑溜冰鞋喽！"方块高兴地跑了进去，歪博士和红桃、梅花也紧随其后走了进去。

在店员的介绍下，方块试穿了好几双溜冰鞋，一时间，他不知道该

选哪一双溜冰鞋，无奈之下，他向歪博士发出了求救信号。

"歪博士，您快帮帮我吧！"方块有些撒娇地说，"这里有好几种溜冰鞋，我都不知道该选哪一双了！"

"我看看……"歪博士走到方块身边，看了看地上的几种溜冰鞋说，"这些溜冰鞋主要是鞋底不同，有双排轮的，有单排轮的，还有四轮的、带冰刀的……"

"方块，要不你选这双吧！"红桃拿起一双粉色的双排轮溜冰鞋说。

"我才不呢！那是女孩子的溜冰鞋，我才不穿呢！"方块气呼呼地反对。

"那就这双吧！"梅花拿起一双黑色的单排轮溜冰鞋说，"而且单排轮的溜冰鞋要比双排轮的溜冰鞋速度快！"

"速度快？"方块有些疑惑地说，"那会不会不安全呢？"

"你不是要拿第一名吗？"梅花有些不屑地说，"速度快不是更好吗？"

看到方块、红桃和梅花你一言我一语地讨论，歪博士忍不住笑道："孩子们，其实挑选溜冰鞋最主要的一项原则，就是要安全，也就是要

有好的摩擦力，其次再考虑速度……"

"摩擦力？"听了歪博士的话，方块、红桃和梅花异口同声地问。

"对呀，如果两个物体相互接触在一起，并且处于挤压或者运动的状态，那么它们之间就会产生一定的摩擦力。"歪博士笑着解释道，"不论是冰刀还是带滑轮的溜冰鞋，都是尽可能地减少了鞋子与地面的摩擦力，摩擦力越小，我们滑动得就越顺畅。"

"歪博士，那我们该选哪种溜冰鞋呢？"方块好奇地问道。

溜冰是一种冰上运动，又被称作旱冰、轮滑，特点是在溜冰鞋底装上轮子或冰刀，然后踏着它在地面上或冰面滑行。事实上，溜冰这一运动是由滑冰过渡而来的，最初，人们为了在冰上能稳定地滑行，就在每只鞋底上镶上四个小冰刀，这样既稳定又安全。后来，人们开始用四个小轮代替四个小冰刀，于是，轮滑就诞生了。

"这个嘛……"歪博士若有所思地说，"其实，在挑选溜冰鞋之前，我们得先搞清楚常见的摩擦力……简单来说，常见的摩擦力主要有三种：第一种是滑动摩擦力，指的是一个物体在另一个物体表面发生滑动时，接触面之间产生阻碍它们相对运动的摩擦力，例如用黑板擦擦黑板时两者产生的滑动摩擦力；第二种是静摩擦力，指的是两个物体相互接触并相互挤压，而又相对静止的物体，在外力作用下如只具有相对滑动趋势，而又未发生相对滑动，则它们的接触面之间出现的阻碍发生相对运动趋势的力；第三种是滚动摩擦力，指的是一个物体在另一个物体表面滚动时，由于两物体在接触部分受压发生形变而产生的对滚动的阻碍作用的力，例如，火车的主动轮的摩擦力是推动火车前进的动力，而被动轮所受之静摩擦力则是阻碍火车前进的滚动摩擦力。"

"那溜冰鞋是哪种摩擦力呢？"方块听完赶忙问道。

"肯定是滑动摩擦力了！"梅花说。

"没错！"歪博士笑着说，"滑动摩擦力的大小与接触面的粗糙程度和压力大小有关——压力越大，物体接触面越粗糙，产生的滑动摩擦力就越大。"

智慧问答

什么是有益摩擦？增大有益摩擦的方法有哪些？

有益摩擦是指对人类有益的摩擦，如握住东西时的静摩擦，走路时对地面的摩擦等。增大有益摩擦的方法有：（1）增大接触面之间的压力。如皮带打滑时拉紧皮带，骑自行车刹车时捏紧车闸等；（2）增大接触面的粗糙程度。如皮带打滑时向皮带上涂皮带蜡，冬季冰雪路面时汽车车轮上要装防滑链，足球守门员戴的手套手心部分的外表面凹凸

不平，钢丝钳口上刻有条纹，螺丝刀的塑料柄上刻有一排凹槽等；（3）变滚动摩擦为滑动摩擦。如汽车急刹车后，车轮就由滚动变为滑动。

听到这里，方块突然高兴地拍手说道："哈哈，我知道该选哪种溜冰鞋了！"

说完，他拿起一双单排轮的溜冰鞋，然后对歪博士说："歪博士，这双单排轮溜冰鞋既安全又能保障我的溜冰速度，我选它没错吧！"

"没错！你的选择非常正确！"歪博士笑道。

无处不在的摩擦力

摩擦力在日常生活中是非常有用的。今天，我们用一个空矿泉水瓶，来亲自体验一下吧！

实验目的：通过实验，体会摩擦力的存在。

实验准备：一个空矿泉水瓶，一个盛有适量水的小盆。

实验过程：

1. 用两个手指（拇指和食指）捏住空矿泉水瓶，提起来，体会所用提的力的大小。

2. 往矿泉水瓶中倒入约半瓶水，再捏住提

起来，体会所用提的力的大小。

3. 把矿泉水瓶倒满水，再捏住提起来，体会一下所用提的力比前面两次大了还是小了？

物理原理：矿泉水瓶里装入水后，捏住时需要的摩擦力增大了，所以需要增大捏的力（压力）。

问题讨论：如果没有摩擦力，还能捏住瓶子吗？能提起来吗？

我们的手上长有"花纹"，就是为了拿东西时增大摩擦力。

气垫船利用压缩空气使船体与水脱离接触，可以大大减小摩擦力。

生活中的摩擦力

摩擦力是生活中一种常见的物理现象，如果仔细观察，会发现很多和摩擦力有关的生活实例呢！

比如，当我们在路面上行走时，由于鞋底与地面之间存在摩擦力（静摩擦力），鞋才不会在地上打滑。相反，当我们在雪地、冰面或极光滑的地砖上行走时，由于鞋底与"地面"之间摩擦力太小，一不小心，就会滑倒。这一正一反的两方面经验告诉

我们，对于我们走路来说，摩擦力是必不可少的。

此外，不仅在两个物体间发生相对运动的情况下会存在摩擦力，在两个互相接触但未发生相对运动的物体之间，其实也存在摩擦力。比如，我们之所以能够站在斜坡上而不滑下来，是由于鞋底与坡有足够大的摩擦力；再比如，我们之所以能够用钉子把两块木板钉在一起，是由于钉子与木板有足够大的摩擦力。实际上，只要两个物体互相接触，且它们有相对运动的趋势，就一定存在摩擦力。

1. 摩擦力的方向与物体相对运动或相对运动趋势的方向相反。

2. 有害摩擦是指在产生摩擦时，对摩擦一方进行磨损且是不利磨损时的摩擦力。

3. 减小有害摩擦的方式有使接触面分离、减小压力、减小物体接触面的粗糙程度等。

恒温热水袋

热是能量的一种形式。

热量是指由于温度差别而转移的能量。

 歪博士爱提问

什么是热？ >>>
物体是如何吸热和放热的？

期中考试结束后，方块、红桃和梅花一起去歪博士的智慧屋做客。由于三个人好长时间没来这里玩了，于是便在征求父母同意后，决定在歪博士家住一晚。

就这样，三个小伙伴开心地朝歪博士家走去。

"哈哈，终于可以去歪博士的智慧屋好好玩一玩啦！"方块兴奋地说道。

"是呀！"红桃开心地说，"今晚我要在歪博士的书房里过夜，和那里各种各样的书一起睡觉！"

"哈哈，红桃，你也太逗了吧！歪博士家那么大，房间那么多，你干吗要睡书房呀？"方块大笑着问。

"因为歪博士书房里的书太好看了，这段时间我太想它们了！"
红桃有些不好意思地笑道，"所以今晚，我一定要和那些书一起睡觉
才行！"

"那就祝你今晚和歪博士的那些书有个好梦吧！"方块有点坏笑地
说。接着，他便扭头看向走在一旁默不作声的梅花："梅花，你准备在智
慧屋的哪间房睡觉呢？该不会……你也要睡书房吧？"

"当然……不会！"梅花指了指自己身后背着的书包说，"我要写
作业，所以今天晚上我要一个人睡一间房。"

"那我也要一个人睡一间房！"说完，方块便飞快地向前跑去，好
像下一秒就能跑进智慧屋似的。

水沸腾时，大量汽化的分子带走了大量能量，水的
温度就有降低的趋势，所以必须不断从外界吸收能量，
才能使沸腾继续。如果不能从外界补充沸腾时需要的能
量，沸腾就不会继续。

在智慧屋尽情地玩耍一阵后，方块、红桃和梅花享用了歪博士精
心准备的美味佳肴。就这样，很快到了该睡觉的时候，方块、红桃和
梅花每人一间房，特别是红桃，就像他所期望的，睡在了歪博士的书
房里。

然而，就在大家快要睡着时，梅花突然感到一阵不舒服，浑身上下
冷得要命，甚至还忍不住发起抖来。于是，梅花走出房间，想问问歪博
士有没有多余的被子。

"歪博士，您家还有多余的被子吗？我感觉有些冷……"梅花有些
虚弱地说。

看到面色有些苍白的梅花，歪博士关心地问道："梅花，你是不是不舒服呀？我怎么感觉你好像很难受的样子……"

"歪博士，我浑身上下感到特别冷……"

歪博士连忙摸了摸梅花的脑袋，好像有点发热，急忙拿来体温计让梅花测体温。几分钟后，歪博士拿起体温计一看，梅花的体温在正常范围内，并没有发热。

这时，听到动静的方块和红桃也走出自己的房间。歪博士赶忙对方块和红桃说："方块，你快去厨房，把水壶的温度调成100℃。红桃，你快扶梅花进去，我去找个热水袋给她。"

听到指令后，方块和红桃赶忙行动起来。

水的沸点为什么会和液体表面的气压有关？

沸腾是液面上的气压一定时，在液体内部和表面同时进行汽化的现象。这种汽化是剧烈的，液体在沸腾时不断从外界吸收能量，维持汽化。水的温度越高，水面势能就越高，同时水分子的平均动能也越大。水表面上气压越高，饱和气压也越高，水分子汽化需要的动能也就越大。所以，水面上气压越高，水沸腾时温度就越高；水面上气压越低，水沸腾时的温度就越低。

很快，歪博士便拿着一个红色的热水袋朝厨房走去，然后将水壶里烧到100℃的热水倒进热水袋。方块看到后，好奇地问："歪博士，刚才您为什么要让我把温度调到100℃呢？这么烫的水装进热水袋，是不是太烫了呀？"

"方块，温度是表示物体冷热程度的物理量。100℃是物理学中关于

温度的一种定义，简单说就是一个标准大气压下水沸腾时的温度。"歪博士一边拿着装了热水的热水袋朝梅花的房间走去，一边认真地说，"这个红色热水袋是我特别发明的，能够自动恒温，即使里面装了100℃的热水，它也会立马将水恒温成55℃。这样，抱着热水袋既能取暖，又不会被烫伤啦！"

"啊！这个热水袋实在是太神奇了！"说完，方块一把从歪博士手里接过热水袋，笑着说，"歪博士，让我试试这个热水袋吧！"

果然，就像歪博士说的，这个热水袋能自动恒温，摸起来温温热热的，一点儿也不烫。

因为有了这个热水袋，梅花感觉没那么冷了。半个多小时后，她感觉舒服多了，身体没有之前那么难受了。

看到孩子们非常喜欢这个恒温热水袋，第二天，当他们要回家时，歪博士特意送给他们每人一个。拿到这个恒温热水袋后，方块、红桃和梅花高兴极了。

会吹泡泡的可乐瓶

你知道可乐瓶是怎样吹泡泡的吗？让我们一起来做个实验找找答案吧！

安全提示：本实验要用到玻璃杯和热水，请注意安全，避免受伤。

实验目的：了解热学原理。

实验准备：吸管、可乐瓶、橡皮泥、胶带、玻璃杯、盘子、清水、红墨水、热水。

实验过程：

1. 将几根吸管逐一连接起来，形成长管，连接处用胶带封好。

2. 将可乐瓶盖用锥子锥一个孔，孔的大小略比吸管直径大些，然后将吸管一端放入可乐瓶中，并用橡皮泥密封住瓶口，不能漏气，然后把可乐瓶放置在盘子中。

3. 再把连接好的吸管弯曲，把吸管另一端插进玻璃杯中，往玻璃杯中注满清水，随后滴入几滴红墨水搅匀成有色水，便于观察现象。

4. 准备完毕后，向可乐瓶壁上浇热水，玻璃杯中的吸管会排放出大量气泡。

5. 向可乐瓶壁上浇冷水，玻璃杯中的水会经过吸管流入瓶中。

物理原理：

因为可乐瓶壁很薄，向可乐瓶壁浇热水，很容易将可乐瓶内的空气加热。可乐瓶内的空气受热后会膨胀，瓶内气压增大。水中的气泡就是空气膨胀时，被挤出可乐瓶的空气。当向可乐瓶壁浇冷水时，可乐瓶中的空气遇冷收缩，瓶内气压减小。可乐瓶中的空气收缩时，水便占据了剩余的空间。

瓶盖太紧时，将瓶子放入热水中，过一会儿等瓶子中的物体或空气加热后再拿出来，就很容易拧开瓶盖啦。

热学简史

热是什么？自古以来人们就有不同的看法。17世纪以后，热本质的问题又引起了科学家和研究人员的注意。

培根从摩擦生热等现象中得出结论："热是一种膨胀的、被约束的而在其斗争中作用于物体的较小粒子之上的运动。"这种看法影响了许多科学家。波义耳看到铁钉被捶击后会生热，想到铁钉内部产生了强烈的运动，所以认为热是"物体各部分发生强烈而杂乱的运动"。笛卡尔把热看作是物质粒子的一种旋转运动。胡克用显微镜观察了火花，认为热"并不是什

么其他的东西，而是一个物体的各个部分的非常活跃和极其猛烈的运动"。牛顿也指出物体的粒子"因运动而发热"。洛克甚至还认识到"极度的冷是不可觉察的粒子的运动的停止"。

1. 自然界中与物体冷热程度（温度）有关的现象称为热现象。

2. 热学又称热物理学，是研究热现象的科学。

3. 日常生活中常见的热传递、热胀冷缩、物态变化等现象都是热现象。

好玩的弹力床

　　物体受外力作用发生形变后，若撤去外力，物体能恢复原来形状的力，叫作"弹力"。

　　弹力产生在直接接触而发生弹性形变的物体之间。

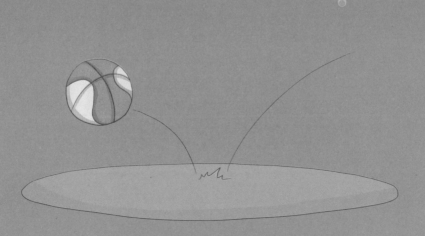

什么是弹力？
弹力的特性有哪些？ >>>

美好的周末下午，方块在家实在无聊，便打电话约上红桃和梅花，准备一起去歪博士家，看看歪博士最近有没有什么好玩儿的新发明。

刚一走进歪博士家，方块就看见客厅里摆着一个超级大的弹力床，于是忍不住问歪博士："歪博士，这是哪里来的弹力床呀？怎么从来没见过……而且，这个弹力床看上去好大啊！"

说完，方块急忙跑到弹力床跟前，左摸摸右摸摸，仔细感受着眼前这个巨大的弹力床。

"这个弹力床呀……"歪博士回答说，"这是我最近新发明的，它可跟你们之前玩过的弹力床不一样哦！"说完，歪博士露出了一个神秘的微笑。

"哪里不一样呢？"听了歪博士的话，方块、红桃和梅花异口同声地问道。

"这个嘛……"歪博士若有所思地说，"在告诉你们之前，先让我来考考你们……你们知道弹力床是运用了什么物理原理吗？为什么它可以将人弹起来呢？"

方块和红桃不由得陷入沉默之中，脑袋里开始飞速地思考弹力床的原理是什么。这时，梅花突然一脸自信地开口说道："弹力床运用的物理原理是力学中的弹力！"

"弹力？"方块和红桃忍不住同时开口问道，"什么是弹力啊？"

"弹力就是当物体受外力作用发生形变后，如果撤去外力，物体能恢复原来形状的力。"梅花对答如流，"这是我在力学科普读物上看到的，弹力床就是运用弹力将人弹起来的。"

在弹性限度内，形变越大，弹力也越大；形变消失，弹力就随着消失。对于拉伸形变或压缩形变来说，伸长或缩短的长度越大，产生的弹力就越大。对于弯曲形变来说，弯曲得越厉害，产生的弹力就越大。对于扭转形变来说，扭转得越厉害，产生的弹力就越大。

"哈哈哈，梅花说得很对，你真是一个爱学习的孩子！"歪博士听后开心地大笑道，"弹力的方向跟使物体产生形变的外力的方向相反。由于物体的形变有多种多样，所以产生的弹力也有各种不同的形式。"

"都有哪些形式呢？"红桃好奇地问道。

　　"比如，我们将一个物体放在塑料板上，被压弯的塑料要恢复原状，产生向上的弹力，这就是它对重物的支持力。"歪博士耐心地解释道，"我们将一个物体挂在弹簧上，物体把弹簧拉长，被拉长的弹簧要恢复原状，产生向上的弹力，这就是它对物体的拉力。"

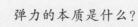

智慧问答

　　弹力的本质是什么？

　　弹力的本质是分子间的作用力。当物体被拉伸或压缩时，分子间的距离便会发生变化，使分子间的相对位置拉开或靠拢。这样，分子间的引力与斥力就不会平衡，出现相吸或相斥的倾向，而这些分子间吸引或排斥的总效果，就是宏观上观察到的弹力。如果外力太大，分子间的距离被拉开得太多，分子就会滑进另一个稳定的位置，即使外力除去后，也不能再回到原位，就会保留永久的变形。

　　"歪博士，我懂了，弹力床之所以能将人弹起来，就是因为它被我们的重量压住后，发生了向上反弹的弹力，我说得对吗？"方块兴奋地问道。

　　"嗯……你说得也算正确，哈哈！"歪博士歪着脑袋想了想，然后笑着说，"其实，生活中的推、拉、提、举等动作，都是在物体与物体接触时才会发生的，这种相互作用可称为接触力，按其性质可将其归纳为弹力和摩擦力……你们玩的弹力床正是运用了这个力学特性。"

　　"歪博士，既然搞清楚了弹力，那我们现在是不是可以玩你发明的大弹力床了呢？"方块一脸期待地看向歪博士，"而且，您还没告诉我们这个弹力床有什么特别的地方呢！"

　　"哈哈，对对对，我怎么忘了这事呢？"歪博士拍了拍脑袋大笑道，"你们之前玩过的弹力床，要自己使劲才能弹起来，而且每次降落后都要再使劲才能弹得高……而我发明的这个巨大弹力床，是完全智能的，站到上边，只要说一声'弹起来'，就会立马被弹起来了，而且，当你降落后，不需要自己使劲，这个弹力床就会自动将你弹起来哦！"

　　"哇！这听起来很有趣呢！"红桃高兴地说。

　　"歪博士，赶快打开开关，让我们上去玩一玩吧！"方块激动地说。

　　说完，他便拉起红桃和梅花的手，将他们俩一起拉上弹力床，准备等歪博士按下开关后，开心地弹跳起来。

　　果不其然，歪博士发明的这个弹力床要比他们之前玩过的弹力床好玩很多，不仅没那么吃力，而且还能弹跳得很高很高，方块、红桃和梅花在上边玩得可开心啦！

弹力的存在

弹力是无处不在的，今天，我们通过实验来体会一下弹力的存在吧！

实验目的：感受在弹性限度内，橡皮筋拉得越长，产生的弹力越大。

实验准备：一根橡皮筋、一个小钢球、两根小钉子、一块大约 1 米长的木板、一把锤子。

实验过程：

1. 把两钉子钉在木板的一端，两根钉子之间的距离约 5 厘米，把橡皮筋的两端系在两根钉子上（拉直橡皮筋），如图所示：

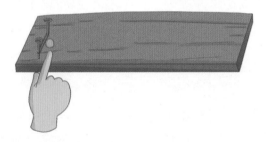

2. 把小钢球放到橡皮筋中点位置的木板上，紧贴橡皮筋，便小钢球不动。

3. 把小钢球用手向左轻轻推一下，放手后小钢球向右滚动。

4. 把小钢球再向左稍用力推一下，放手后小钢球向右滚动，滚动的距离比上次远了一些。

物理原理：物体由于发动弹性形变而产生的力叫作弹力。

在弹性限度内，弹性形变越大，产生的弹力越大。

跳水运动员在起跳前，都是在跳板上，上下压动跳板反复几次后才起跳，就是为了增大跳板的弹性形变，从而产生比较大的弹力，使跳水运动员获得比较高的起跳高度。

认识弹力

弹力是按照力的性质命名的，弹力是接触力，只能存在于物体的相互接触处，但相互接触的物体之间，并不一定有弹力的作用。因为弹力的产生不仅要接触，还要有相互作用。人们所知的拉力、压力、支持力等则是由力的效果命名的，前者与后者是两个完全不同的概念。也正因如此，弹力和拉力、压力、支持力之间没有明确的关系，换言之，弹力不一定等同于拉力、压力或支持力。

举例来说：两个套在同一光滑竖直杆上的环形磁铁，其相同的磁极相对，两个磁铁均处于静止状态。对上面的磁铁进行受力分析，磁铁受本身的竖直向下的重力作用和竖直向上的排斥力作用，二力为一对平衡力。此时，向上的排斥力便作为支持力。此支持力就不是弹力。另外，由牛顿第三定律得出，大小等于向上的排斥力，方向向下的磁力也作用于下面的磁铁

上。此时，这个向下的磁力就是上面的磁铁给它的向下的压力。这个压力也不是弹力。

由此看出，我们不能笼统地认为弹力等同于拉力、压力或是支持力，而应该具体情况具体分析。

1. 弹力产生的条件：一是两物体互相接触；二是物体发生弹性形变。

2. 任何物体只要发生了弹性形变，就一定会对与它接触的物体产生弹力。

3. 一旦超出弹性形变范围，物体就不能完全恢复原状，这种超过了其弹性承受范围的形变被称为"范性形变"。

消防员要出动

热可以通过传导、对流、辐射三种方式进行传递。
热通常从热的物体传向冷的物体。

这就是科学

炎热的午后，方块所在的班级正在上体育课。同学们开心地在操场上做运动，有的在踢足球，有的在打篮球，有的在学习健身操……

当同学们正玩得高兴时，突然，从操场外的马路上传来一阵急促的汽笛声，方块和同学们赶忙停了下来，不约而同地看向操场外的马路，只见一辆红色的消防车从那里快速驶过，车顶上的彩灯不停地闪烁着。

"这不是消防车吗，怎么跑来这里了？"方块诧异地问。

"肯定是附近着火了！"梅花严肃地说，"消防车就是来灭火的！"

"啊！那不是很危险吗？"红桃着急地说，"我们是不是得马上离开这里才行呀？不是着火了吗？待在这里实在是太危险了！"

就在这时，体育老师突然召集同学们集合，并告诉大家由于附近的

一家美食店着火了，需要同学们赶紧回到教室。

虽然很想继续在操场上自由自在地玩，但是一想到附近着火了，同学们还是乖乖地走回教室上自习了。就在离开操场时，方块看到一群身穿消防服的消防员叔叔从刚才看到的那辆消防车上跑了下来。他们迅速地从消防车上取下灭火工具，然后开始英勇地灭火了。

各种物体都能够传热，但不同物质的热传导性能不同。容易传热的物体叫作热的良导体，不容易传热的物体叫作热的不良导体。一般金属都是热的良导体，而瓷、木头和竹子、皮革、水都是热的不良导体。最不善于传热的是羊毛、羽毛、毛皮、棉花、石棉、软木和其他松软的物质。液体，除了水银外，都不善于传热，气体比液体更不善于传热。

庆幸的是，由于火势不是很猛，没过多久，那家美食店的火就被消防员扑灭了。除了店里的设备受损外，没有人受伤，这是最好的结果了。不过，比起关注火势，此刻，在方块的心里，却有一个大大的疑问，那就是：为什么穿了消防服的消防员叔叔会不怕火呢？

带着这个疑问，在放学后，方块拉着红桃和梅花一起朝歪博士家跑去，准备向歪博士请教这个问题。

刚一见到歪博士，方块就把今天在学校的所见所闻告诉了他，然后好奇地问："歪博士，消防服真的有那么厉害吗？为什么消防员叔叔不怕火呢？"

"方块，其实不是消防员叔叔不怕火，他们也是普通人，在大火中也会受伤，只不过，消防员叔叔会在救火前，穿上特制的消防服，这是保护他们不在火场里受伤的铠甲哦！"歪博士认真地解释道。

智慧问答

消防服的特点有哪些？

消防服的特点：一、从防护性来考虑，必须具有耐火性、耐热性和隔热性，也要具有强韧性，防止锐利物体的冲击、碰撞等，还要具有能够阻止化学物质对皮肤造成伤害的性能；二、适应外界冷暖、风雨等环境的变化，使消防员能够保持体力和旺盛的精力；三、从作业效率方面考虑，消防服应在作业中有活动余地，尽量选用伸缩性能良好的材料，还有，衣料的质地和形状、构造等方面也要认真研究。

"歪博士，为什么消防服可以保护消防员叔叔不被火伤着呢？"红桃接着问。

"消防服是一种为消防员特制的工作服饰，"歪博士解释道，它由阻燃纤维织物与真空镀铝膜的复合材料制作而成，即使 1000℃ 的高温也不怕。"常见的消防服一般有两种，一种是上下一体的，一种是上下分

开的。上下一体的消防服具有散热性高、体热容易排出、造价低的特点，但它的安全性差、活动不便、重量大；上下分开的消防服具有安全性高、容易活动、不易沾湿、防水性好、耐寒性好、功能和外观好的特点，但它的散热性差，而且造价比较高。"

"没错没错！歪博士，今天我看到的消防员叔叔，他们身上穿的就是上下分开的消防服！"方块激动地回应道。

"真没想到，原来消防员身上的消防服还有这么多学问呢！"红桃不由得感慨道。

"其实，即使有消防服的保护，消防员也依然是一种高危职业。消防员每天都要和火打交道，生命安全时刻有危险……"歪博士补充道，"可以说，消防员是世上最辛苦也是最危险的职业之一！"

"消防员叔叔实在是太伟大了！"方块听后激动地说，"长大了，我也要当一名优秀的消防员！"

点不着的纸

真的有点不着的纸吗？小朋友们，让我们一起来做个实验吧！

安全提示： 本实验要用到火柴，小朋友们一定要在爸爸妈妈的陪同下做，避免受伤。

实验目的： 了解热的传播。

实验准备： 纸条、火柴、铜棒。

实验过程：

1. 将纸条紧紧绕在铜棒上，用火柴去点铜棒上的纸。

2. 这时棒上的纸无论怎样也点不着。

3. 接着在铜棒的一端留一截纸，而这一段纸可以点燃。

4. 当火烧到紧贴在棒上的纸时也会熄灭。

物理原理：

铜棒是热的良导体，它能将其吸收的热量很快传向其他部分。纸是热的不良导体，用火柴点燃铜棒上的纸时，火柴燃烧放出的热量绝大部分被铜棒吸收并传向铜棒的另一端，而纸的温度始终达不到燃点。

生活中可以用某些物质减缓热的传导、对流和辐射，如：手套、双层玻璃窗、屋顶的隔层、热水瓶等。

大无畏的消防战士

消防战士从事的是一份冒着生命危险的工作，他们必须随时待命，消灭火灾，在他们身上发生过许多令人感动和敬畏的故事。

　　2012 年 2 月 1 日清晨，苏州工业园区一家生产电子元件的企业突然发生火灾，火势很大，车间里满是呛人的浓烟，工人们一时间惊慌失措，几分钟之后消防队员赶到了现场，而孙茂辉就是其中的一员。

　　事发当时，有 130 多名员工正在厂房内工作，这座厂房一共有三层，里面有生产车间，有存储仓库，格局错综复杂，消防通道又非常狭窄，给人员的撤离和消防队员灭火都造成了不小的麻烦。

　　此时，随着火势的蔓延，浓烟已经充斥了厂房内的每一寸空间，这些易燃的材料燃烧了以后产生大量的有毒物质，如果没有任何防护措施的话，人可能在这种浓烟种几分钟就会晕倒。

　　在消防官兵的指挥帮助下，已经有 100 多名员工被成功救出了火场，但此时厂房内的起火点仍然没有找到，烟雾更是比之前浓烈了许多。

就在这时，孙茂辉和中队长助理主动请缨第三次冲进了危机四伏的厂房，然而，由于火势太大，他们两个人很快陷入了危机——出路被彻底封死了。

最终，消防战士成功扑灭了大火。他们几经周折找到了早已昏迷的孙茂辉和中队长助理，两个人立即被送去医院抢救。

这场火灾，因为消防战士的英勇无畏，使得这家工厂130名被困员工无一伤亡，但遗憾的是，年仅22岁的消防战士孙茂辉却因抢救无效壮烈牺牲了。这名年轻的战士，用自己的生命换来了130个人的生命安全，而他也被公安部追授"新时期消防勇士"荣誉称号，被誉为雷锋式的好战士。

1. 消防服是消防队员在进行消防活动中，用来保护身体的重要工具。

2. 消防服由外层、防水透气层、隔热层、舒适层等多层织物复合而成。

3. 消防服的隔热层指的是用于提供隔热保护的防护服部分。

掉下来的熟苹果

物体由于地球的吸引而受到的力叫重力。
重力的施力物体是地球。

歪博士爱提问

什么是重力？ >>>
重力的特性有哪些？

　　歪博士的智慧屋后边，有一大片果园，里边种植着各种各样的水果，有苹果、梨、桃子、杏子……每年，歪博士都会将院子里的水果摘下来，作为礼物送给邻居，当然，也会送给方块、红桃和梅花。

　　这不，最近又到了苹果收获的季节，果园里的苹果树上，挂满了又红又圆的大苹果，它们在阳光下开心地笑着，好像在等着人们来采摘呢！

　　由于果园里的苹果树实在太多了，如果不及时采摘苹果，就会错过收获苹果的黄金期。为了尽快将苹果摘下来，歪博士特意打电话叫来了方块、红桃和梅花，让他们帮自己一起摘苹果。

　　此刻，他们正戴着帽子和手套，在苹果树下开心地摘苹果。

　　"歪博士，今年的苹果好像长势很好哎，看上去比去年的苹果要大

很多，而且红彤彤的，看着就很好吃呢！"说完，方块擦都没擦，就张大嘴巴，狠狠地咬了一口手里的红苹果。

只听到一声清脆的"咔吱"声，圆圆的红苹果上就出现一个大缺口，方块一脸惬意地品尝起来。

"嗯……味道很不错嘛！"方块边吃边说，"大家赶快尝尝，今年的苹果果然要比去年的甜很多哦！"

看到方块只顾着吃苹果，也不帮忙采摘了，梅花有些生气地说："方块，你快别吃了，我们得赶紧把苹果摘完才行！"

"是啊，方块，眼看天就快黑了，我们加快点儿速度吧！"红桃一边摘苹果一边催促道。

"我都摘了那么多苹果了，现在吃一个苹果休息休息都不行吗？"方块有些不高兴，说完，他便气得在地上跺了下脚，准备坐下来休息。

然而，还没等方块坐下来，一颗红苹果突然从树上掉了下来，并且，这个掉下来的红苹果不偏不倚地刚好砸到了方块的脑袋上。

"哎哟！"方块一声尖叫，便双手捂着脑袋坐下了。

虽然物体的各个部分都受重力的作用，但从效果上看，可以认为各部分受到的重力作用都集中于一点，这个点就是重力的等效作用点，叫作物体的重心。重心位置在工程上有相当重要的意义，若重心位置不合适，就容易翻倒，所以增大物体的支撑面，降低它的重心，有助于提高物体的稳定程度。

"方块，你没事吧！"原本专心摘苹果的歪博士听到方块的尖叫后，赶忙关心地问道。

"没事……没事……"方块一边用手摸了摸脑袋，一边有些尴尬地

说，"就是被苹果砸了下脑袋……"

听到这里，梅花和红桃忍不住哈哈大笑起来。

"方块，谁叫你不干活还偷吃苹果呢！"梅花笑着说，"这就是你偷吃苹果的惩罚呢！"

"啊！不会吧？"方块吃惊地说，然后便扭头看向歪博士，"歪博士，您这苹果不会真这么聪明吧？"

"哈哈，当然……不会啦！"歪博士笑着说，"其实，这个红苹果之所以会掉下来，是因为受到了重力的作用……"

重心的位置与什么有关？

重心的位置与物体的几何形状及质量分布有关。形状规则、质量分布均匀的物体，其重心在它的几何中心，例如粗细均匀的棒，重心在它的中点；球的重心在球心；方形薄板的重心在两条对角线的交点。地球对物体的

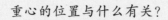

重力，好像就是从重心向下拉物体。若用其他物体来支持重心，物体就能保持平衡。重心的位置不一定在物体之上，可以用悬挂法来确定。

"重力？"方块有些疑惑地重复道。

"没错，就是重力！"歪博士继续解释道，"重力就是由于地球吸引而使物体受到的力。物体受到的重力的大小跟物体的质量成正比。重力的方向是竖直向下的。"

"我就说嘛！吃个苹果也不至于被砸脑袋惩罚嘛！"方块笑着说，"原来是重力捣的鬼呀！"说完，方块捡起那个掉下来的红苹果，用衣袖擦了擦，然后咬了一大口，开心地吃了起来。

"红桃、梅花，你们俩也休息会儿，吃个苹果吧！"歪博士笑着说，"让我们来看看，接下来会是谁被掉下来的红苹果砸脑袋呢？"

"哈哈哈……"听了歪博士的话，大家都忍不住哈哈大笑起来。

我爱做实验

悬浮的曲别针

曲别针真的会悬浮吗？小朋友们，让我们一起来做个实验找找答案吧！

安全提示：本实验要用到曲别针，小朋友们一定要小心，避免被扎到手指。

实验目的：了解重力。

实验准备：曲别针、细绳、胶带、小磁铁、铁尺、积木。

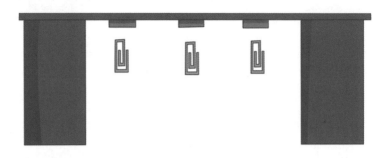

实验过程:

1. 将三块小磁铁等距离地放置在铁尺上面。

2. 如图,将铁尺搭在堆叠的积木上面,确保磁铁朝下。

3. 先将曲别针别在细绳上,然后用胶带把细绳粘在磁铁正对的桌面部分,再将细绳上的曲别针轻轻地放到磁铁下面,这时,小朋友们会惊奇地发现,曲别针不会掉下去了,而是稳稳地悬浮在磁铁下方!(曲别针与磁铁要有一段距离)

4. 尝试将铁尺移开,三枚曲别针也会马上掉下去!

5. 再将铁尺放回原位置,轻轻地将曲别针往上提,它们居然又能够悬浮在磁铁下方了。

物理原理:

曲别针与磁铁之间的引力要大于地心对曲别针的引力,所以曲别针能够稳稳地悬浮在磁铁下方而不至于掉在桌面上。

人会稳定地在地上行走站立,而不是在空中飘浮;瀑布的水向下流,而不是向上流,这些都是重力的作用。

牛顿和万有引力

几百年前的一个深秋，有一个名叫艾萨克·牛顿的年轻人来到一片果园。

果园里的苹果树全都熟透了，牛顿选择了其中一棵苹果树，然后坐在树下开始认真看书。

忽然，一个苹果从树上掉了下来，正好砸在了牛顿的头上，这不轻不重的一击似乎提醒了牛顿，他的眼睛不由得一亮。

他捡起苹果，内心思考着："为什么苹果不会落向两旁，而是垂直落向地面呢？难道地球对它有一股吸引力？"

牛顿灵机一动，脑中突然形成一种观点："苹果落地"和"行星绕日"会不会由同一宇宙规律所支配的？

就这样，牛顿将"苹果落地"和他在生活中看到的其他一些现象综合在一起，进行了深入的研究。他也由此发现，世界上的每一个物体都有一种无形的吸引力来吸引其他物体。人类生活

的地球比地球上所有的东西都要大和重得多。

就这样，牛顿发现宇宙中一切物体之间都存在着"相互吸引力"，他把这种力叫"万有引力"。

简单来说，万有引力的发现，不仅可以解释地球上的物理现象，还可以解释宇宙与天体之间的现象。比如在地球之外，还有许多其他的星球，如火星和木星，它们都被引力所吸引，也正因如此，月亮才会绕着地球转，而地球会绕着太阳转。

这就是牛顿发现万有引力的故事。这个从树上掉落的苹果，给了牛顿有关万有引力的灵感，而牛顿也因为这一发现，成为闻名世界的科学家，万有引力的发现对世界天文学和物理学的发展产生了十分重要的影响。

当然，除了万有引力，牛顿还有许多杰出的贡献，比如他发明了微积分，发现了经典力学，设计并实际制造了第一架反射式望远镜等，也是因为这样，牛顿被誉为人类历史上最伟大、最有影响力的科学家。甚至于人们为了纪念牛顿在经典力学方面的杰出成就，特意将他的名字"牛顿"用作衡量力的大小的物理单位。

1. 在物理学上，万有引力是指具物体之间加速靠近的趋势。

2. 地球的吸引作用使附近的物体向地面下落。

3. 在近似情况下可以认为，重力的施力物体是地球，受力物体是地球上或地表附近的物体。

可怕的温室效应

　　温室效应是指透射阳光的密闭空间由于与外界缺乏热对流而形成的保温效应。

　　大气中的二氧化碳就像一层厚厚的玻璃，使地球变成了一个大暖房。

 歪博士爱提问

冰雕为什么会消失？
冬天的马路为什么会结冰呢？ >>>

这个周末，歪博士准备带着方块、红桃和梅花去气候博物馆里参观学习一些和气候有关的知识。此刻，他们一行人已经来到气候博物馆，正在门口检票呢。

歪博士是气候博物馆的常客，已经来过无数次了，因此在成功检票后，他便熟门熟路地带着方块、红桃和梅花走了进去。

比起淡定的歪博士，方块、红桃和梅花显得非常激动，毕竟这是他们第一次来气候博物馆。他们刚一走进博物馆，就被眼前的景象惊呆了。里边摆满了各种各样的和气候有关的东西——有模拟风云雷电模具、大气层的分层模具、全球气候分布的示意图……

眼前的一切，对方块、红桃和梅花三个人来说，都是十分新奇的。

于是，在歪博士的耐心讲解下，今天的气候博物馆参观之旅就开始了。

每到一处，歪博士都会十分认真地为孩子们讲解，孩子们也会非常认真地聆听，时不时还会在随身携带的笔记本上做记录。

过了好一阵儿，大家来到了"温室效应"的展厅，只见里面的展品风格明显不同于之前看到的，甚至看上去有些可怕——发红的河水、腐烂的动物尸体……

知识拓展

大气温室效应的原理：地面在接受太阳短波辐射而增温的同时，也时刻向外辐射电磁波。其中，短波辐射和长波辐射在经过地球大气时的遭遇是不同的：大气对太阳短波辐射几乎是透明的，却强烈吸收地面长波辐射。大气在吸收地面长波辐射的同时，也向外辐射波长更长的长波辐射，其中向下到达地面的部分称为逆辐射。地面接受逆辐射后就会升温，或者说大气对地面起到了保温作用。

"歪博士，这是什么呀？"红桃有些害怕地躲到歪博士身后，小心翼翼地问。

"红桃，别怕！"歪博士连忙安慰道，"这里是温室效应的展厅，展厅里的所有展品都是温室效应带来的后果！"

"温室效应？"方块好奇地问道，"这是什么气候啊？"

"这不是一种气候，而是一种特殊的气候现象……"歪博士耐心地解释道，"所谓温室效应，指的是透射阳光的密闭空间由于与外界缺乏热对流而形成的保温效应，即太阳短波辐射可以透过大气射入地面，而地面增暖后放出的长波辐射却被大气中的二氧化碳等物质所吸收，从而

使大气变暖的效应。"

听完歪博士的解释，梅花急忙提问道："歪博士，温室效应是不是会使温度升高呢？"

"没错！"歪博士肯定道，然后继续耐心地解释，"如果没有大气，地表平均温度就会下降到 −23℃，而实际地表平均温度为 15℃，这就是说温室效应使地表温度提高 38℃。大气中的二氧化碳浓度增加，有效阻止地球热量的散失，使地球发生可感觉到的气温升高，这便是温室效应了。"

"那温室效应会导致什么后果呢？"方块继续问道。

人类生活中最典型的温室是什么？

玻璃育花房和蔬菜大棚是人类生活中最典型的温室。使用玻璃或透明塑料薄膜来做温室，是为了让太阳光能够直接照射进温室，加热室内空气，而玻璃或透明

塑料薄膜又可以不让室内的热空气向外散发，使室内的温度保持高于外界的状态，以提供有利于植物快速生长的条件。

"全球变暖呀！"歪博士解释道，"温度不断升高，就会导致南北极的冰山融化，到时候，海平面会上升，陆地会被淹没……"

"啊！这么可怕啊！"红桃急忙问，"为什么会产生温室效应呢？有没有什么方法可以避免呢？"

"这个嘛……温室效应主要是由于现代化工业社会过多燃烧煤炭、石油和天然气，产生大量二氧化碳气体，进入大气造成的。"歪博士继续补充道，"此外，人口的剧增和环境污染也是导致全球变暖的原因。"

"我明白了！"方块接过话茬儿，"我们要好好保护环境，这样才能减缓温室效应的发生。"

"没错！保护环境是减缓温室效应的有效方法之一！"歪博士笑着肯定道。

就这样，大家继续在歪博士的耐心讲解下参观，不断学习更多的气候知识。

水落"硬币"出

掉在水中的硬币可以自己升上来吗？小朋友们，让我们一起来做个实验找找答案吧！

安全提示：本实验要用到蜡烛，小朋友们一定要在爸爸妈

妈的陪同下做，避免受伤。

实验目的：了解热学原理。

实验准备：硬币、盘子、蜡烛、玻璃杯。

实验过程：

1. 把一枚硬币放入一只盘子里，往盘子中倒入清水，使水刚好能浸没硬币。

2. 在盘子上立起一支蜡烛，然后点燃，用玻璃杯罩住点燃的蜡烛，将硬币留在玻璃杯外。

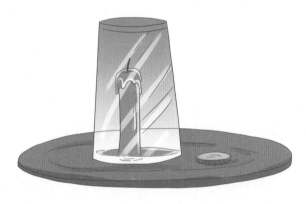

3. 玻璃杯内的蜡烛由于氧气耗完而很快熄灭，玻璃杯中的水面上升了，硬币露出了水面。

物理原理：

蜡烛燃烧使玻璃杯内的空气温度升高，空气因受热体积膨胀体积增大，一部分气体从玻璃杯子中跑出。蜡烛燃灭后，杯内空气温度降低体积减小，使杯中的气压低于外部的气压，盘子中的水就被外部的空气压进玻璃杯子里，盘子中水减少，于是硬币就露出水面。

方块爱生活

加热可以改变某些物质的状态，如：使冰融化、使水沸腾、使铁熔化；冷却也可以改变某些物质的状态，如：雾、露水、霜、雪、冰雹、冰。

红桃讲故事

全球变暖

全球气候变暖是一种和自然有关的现象。由于温室效应不断积累，导致地气系统吸收与发射的能量不平衡，能量不断在地气系统累积，从而导致温度上升，造成全球气候变暖。

20世纪至21世纪期间，全球平均气温经历了：冷→暖→冷→暖四次波动，总的来看气温为上升趋势。之所以会这样，是因为人们焚烧化石燃料，如石油、煤炭等，或砍伐森林并将

其焚烧时会产生大量的二氧化碳，即温室气体。这些温室气体对来自太阳辐射的可见光具有高度透过性，而对地球发射出来的长波辐射具有高度吸收性，能强烈吸收地面辐射中的红外线，导致地球温度上升，即温室效应。全球变暖会导致全球降水量重新分配、冰川和冻土消融、海平面上升等，不仅危害自然生态系统的平衡，还威胁人类的生存。

另一方面，由于陆地温室气体排放造成大陆气温升高，与海洋温差变小，进而造成了空气流动减慢，雾霾无法短时间被吹散，造成很多城市雾霾天气增多，影响人类健康。汽车限行、暂停生产等措施只有短期和局部效果，并不能从根本上改变气候变暖和雾霾污染。

1. 任何物体都辐射电磁波，物体温度越高，辐射的波长越短。

2. 温室有两个特点：一是室内温度高，二是不散热。

3. 全球变暖的危害从自然灾害到生物链断裂，涉及人类生存的各个方面。

航行的轮船

　　浸在流体（液体和气体）内的物体受到流体竖直向上托起的作用力，叫作浮力。

　　浮力指物体在流体中，各表面受流体压力的差（合力）。

参观完气候博物馆后，歪博士带着方块、红桃和梅花去附近的水上世界玩，那里有许多和水有关的游玩项目，比如水上滑梯、海洋轮船、漂流河、滑板冲浪、互动水屋等。

在所有游玩项目中，方块、红桃和梅花最喜欢玩的就是海洋轮船。这个项目里，他们不仅可以变身为轮船船长，独自驾驶一艘轮船在模拟的海洋区域内航行，而且还能利用轮船上配备的水炮弹来攻击别的轮船。

这不，此时此刻，方块、红桃和梅花正在进行一场激烈而有趣的海上轮船"战争"。他们用各自轮船上的水炮弹攻击着对方，每个人的衣服都被打湿了，头发也湿漉漉的，仿佛刚洗过澡一样。

尽情地玩耍一阵儿后，方块、红桃和梅花才依依不舍地从各自的轮船上走了下来，准备和歪博士一起去吃饭。

很快，他们在附近找到了一家餐馆。在等餐的间隙，方块兴奋地对歪博士说："歪博士，您知道吗？那个海洋轮船实在是太好玩了！"

"那就太好了！"歪博士笑着说，"我看你们玩得很开心，就很满足啦！"

"歪博士，我有个问题，为什么轮船可以在水里漂浮起来呢？"红桃疑惑地说，"钢铁会在水面上沉下去，那艘轮船是钢铁做的，而且上边还装了那么多水炮弹，为什么它没有沉下去，反倒在水面上浮着呢？"

浮力与物体浸入液体中的体积和液体的密度有关，与物体在液体中的深度、物体的形状、质量、密度、运动状态等因素无关。比如轮船的体积比钢铁本身的体积要大很多，所以轮船受到的浮力更大。

"是因为浮力呀！"梅花在一旁淡淡地说。

"没错，梅花说得很对！"歪博士解释道，"轮船之所以会浮起来，就是因为浮力的作用。"

"什么是浮力啊，歪博士？"方块赶忙问道。

"浮力是指漂浮于流体表面或浸没于流体之中的物体，受到的各方向流体静压力的向上合力，"歪博士笑着解释道，"轮船能在水中航行是浮力的贡献。浮力的方向和重力相反，也可以简单理解为——重力要把所有想跑的物体拉回地面，而浮力是帮助这些物体离开地面。"

"原来是这样啊！"方块和红桃听后恍然大悟。

"当然啦，物体在液体中所受浮力的大小，只跟它浸在液体中的体积和液体的密度有关，与物体本身的密度、运动状态、浸没在液体中的深度等因素无关。"歪博士继续解释道，"比如，在水中，虽然比水密度大的物体像石头、铁块等会下沉，而比水密度小的物体像塑料、木头等则会上升，但无论是下沉还是上升，这些物体本身所受到的浮力是不变的。"

"也就是说，当一个浮体的顶部界面接触不到液体时，则只有作用在底部界面向上的压力才会产生浮力。"梅花接过歪博士的话补充道。

"梅花，你是怎么知道的呢？"方块听后忍不住问道。

"当然是看书啦！"梅花有些得意地说，"难道你忘了我最喜欢看

书啦！"

就在这时，服务员端着美食走了过来。歪博士看到后，赶忙笑着说："好啦好啦，现在要开饭啦，我们的学习时间暂时告一段落，大家先来填饱肚子吧！"

"好的，谢谢歪博士！"方块、红桃和梅花异口同声地笑道。

我爱做实验

会浮水的塑料球

浮力可以使万吨巨轮浮在水面上，让人感到不可思议，我们来做一个能够自动浮起的塑料球来亲自体会一下吧！

实验目的：观察水的浮力把塑料球浮到了水面上。

实验准备：一个凉水杯、一个塑料小球（乒乓球）、一个盛有适量水的小盆。

实验过程： 1. 把凉水杯放到桌面上，把乒乓球放入凉水杯中。

2. 把小盆中的水慢慢倒入凉水杯中。

3. 凉水杯中的水像人的"手"一样，把乒乓球"托"起来了。

物理原理： 凉水杯里倒入水后，水对乒乓球有一个向上的浮力，把乒乓球浮上来了。

轮船做的体积很大，就是为了使其能受到水对它比较大的浮力而漂浮在水面上。

阿基米德与浮力

公元前245年，赫农王给金匠一块金子，让他做一顶纯金的皇冠。做好的皇冠与先前的金子一样重，但赫农王怀疑金匠掺假了。于是，赫农王命令阿基米德鉴定皇冠是不是纯金的，但是不允许破坏皇冠。

一开始，阿基米德觉得这似乎是件不可能的事情。当他在公共浴室洗澡时，突然注意到他的胳膊浮到了水面上，当他把胳膊完全放进水中并保持全身放松时,他的胳膊又浮到水面上。

于是,阿基米德站了起来,此时浴盆四周的水位下降。当他再坐下去时,浴盆中的水位又上升了。接着,阿基米德躺在浴盆中,水位则变得更高了,而他也感觉到自己变轻了。他站起来后,水位下降,他则感觉到自己重了。

之后,阿基米德把差不多一样大的石块和木块同时放入浴盆,浸入水中。很快,石块下沉到水里,但是他能感觉到石块变轻了。同时,他必须要向下按着木块才能把它完全浸没水中。这表明在下沉的情况下,浮力与物体的排水量有关,而不与物体重量有关。相同质量下,物体在水中感觉有多重一定与它的密度有关。

就这样,阿基米德找到了解决国王问题的方法,如果皇冠里面含有其他金属,密度会不相同,在重量相等的情况下,这个皇冠的体积是不同的。而当阿基米德把皇冠和等重的金子放

进水里，结果发现皇冠排出的水量比金子排出的水量大，这表明皇冠是掺假的。

因为这件事，阿基米德发现了浮力原理，即浸入静止流体中的物体受到一个浮力，其大小等于该物体所排开的流体重量。

1. 物体在液体中所受的浮力的大小，只跟它浸在液体中的体积和液体的密度有关。

2. 浮力与物体在液体中的深度、物体的形状、质量、密度、运动状态等因素无关。

3. 物体浸在液体中的体积越大、液体的密度越大，物体所受的浮力就越大。

精彩的拔河比赛

力是矢量，合力指的是作用于同一物体上多个力加在一起的矢量和。

合力是矢量，矢量的加减法满足平行四边形法则和三角形法则。

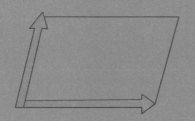

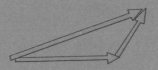

一年一度的校运动会开始了，方块和红桃报名参加了拔河比赛，是同一个队的队友。为了赢得这场比赛，方块和红桃可是做足了准备，不仅每天趁课余时间锻炼身体，而且还跟体育老师请教了不少拔河的技巧。

到了比赛这一天，歪博士和梅花特意来到比赛现场，准备给方块和红桃加油打气。

伴随一声清脆的哨声，精彩的拔河比赛开始了。赛场上瞬间响起了啦啦队的加油声——"加油！加油！"

方块和红桃狠狠地拽着手里的绳子，和队友们齐心协力地往后拉，想要将对手拉过来。

然而，拔河比赛并没有想象中那么简单，除了需要具备一定的力气外，还要讲究团队协作，只有全队队员的劲往一处使，拧成一股绳，才能将对方慢慢拉过来，最终获得比赛的胜利。

在啦啦队的加油助威声中，方块和红桃用力地攥紧绳子，和队员们一起大喊着往后拉，眼看就要将对方拉过分界线了，就在这时，方块突然一个不小心，崴了一下右脚，一瞬间，他整个人便一屁股坐到了地上，双手也不由得从绳子上松开了。

平行四边形法则是指以两个共点力的有向线段为邻边做一平行四边形，该两邻边的对角线即表示两个力合力的大小和方向。

三角形法则是指两个力合成，其合力应当为将一个力的起始点移动到另一个力的终止点，合力为从第一个的起点到第二个的终点。

就在这时，对方突然一使劲，就将方块和红桃所在的队伍往对面拉去。由于少了一个人的力量，两个队之间的力量出现了明显的差异，方块和红桃的队伍很快就被拉过了分界线。

"嘟——"

在一阵清脆的哨声中，精彩的拔河比赛终于结束了。

由于自己的失误导致队伍失去了获胜的机会，方块顾不上右脚的疼痛，忍不住坐在地上大哭起来。看到方块哭得这么伤心，歪博士和梅花赶忙走上前来安慰。

"方块，没事的，别哭了！"歪博士安慰道，"正所谓友谊第一，比赛第二嘛！"

"是啊，比赛肯定会有输赢的嘛！"梅花跟着安慰道。

"都怪我！都怪我！"方块仍旧伤心地哭着。

"方块，你别太难过了，我也有责任！"红桃自责道，"如果我刚刚抓紧点，再多用点力气，就不会输了……"

看到方块和红桃都陷入了自责和伤心中，歪博士觉得是时候出面帮助他们了，于是，他上前拍了拍方块和红桃的肩膀，和蔼地说："其实，拔河比赛并不是靠一个人的力量就能决定的，而是要靠全队成员的合力……"

"合力？"方块和红桃听到后，忍不住异口同声地问道，"什么是合力呢？"

"如果一个力产生的效果跟两个力共同作用产生的效果相同，这个力就叫作那两个力的合力。"歪博士解释道，"拔河比赛就是合力最典型的实例，这也就是为什么大家会说拔河比赛是一项考验团队协作的运动！"

合力的规律有哪些？

合力的规律：如果两个力不共线，则对角线的方向即为合力的方向；如果两个力的方向相同，则合力等于两个力的和，方向不变；如果两个力的方向相反，则合力等于两个力的差，方向和大一点儿的力的方向相同；如果两个力是平衡力，即大小相等，方向相反的两个力，则它们的合力为零。

"歪博士的意思是说，输掉这场比赛，并不是你们两个人的原因导致的，"梅花补充道，"况且，本来体育运动就是一项有输有赢的运动，一方赢了，肯定就会有一方输了……所以，你们俩要学会以平常心

对待哦！"

听了歪博士和梅花的话，方块和红桃的心情终于轻松了一点儿。

"歪博士、梅花，谢谢你们！"方块微笑着说，"虽然这次比赛输了，但我下次绝对不会输的！"

"我也是呢！"红桃跟着说，"等明年运动会，我还要报名参加！"

"我也要参加！"方块激动地说，"我们一起报名参加，然后赢得比赛！"

"这不就对了嘛！"看到方块和红桃重新打起精神，梅花笑着说，"等明年你们参加比赛，我和歪博士还会来给你们加油的！"

"没错，到时候我一定发明一个巨型喇叭，然后拿过来给你们加油助威！"歪博士拍了拍胸脯笑道。

眼看着天色不早了，歪博士决定邀请方块、红桃和梅花去家里做客，让他们尝尝自己最近新学的几道菜，也算是为他们今天的比赛画个圆满的句号吧！

于是，在和同学们简单道别后，方块、红桃和梅花跟着歪博士一起朝智慧屋走去。此时，他们的肚子早已饿得咕咕叫了，看来今天晚上，他们注定要大餐一顿了！

拉动小车的玻璃球

"人心齐，泰山移"，人真的能把泰山移动吗？通过今天的实验来体会一下我们能否把泰山移动呢？

实验目的：观察两个（或几个）力的合力比其中的任何一个力增大了还是减小了。

实验准备：一块木板、一盆玻璃小球、一根粗线、一个定滑轮、一个大口塑料药瓶。

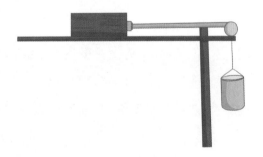

实验过程：1.如图所示，把实验器材组装好。

2.把玻璃球逐个轻轻放入塑料瓶中（先放一个，再放一个……），直到木块在桌面上滑动为止。

物理原理：同一直线上，方向相同的两个力（或几个力）的合力，大小等于这两个力（或几个力）的和，方向跟这两个力（或几个力）的方向相同。

方块
爱生活

一个人搬不动的物体，几个人可以一起抬起来，就是这几个人所用力的合力大于一个人的力。

红桃
讲故事

互补合力原理

互补合力原理是指互补产生的合力比单个人的能力简单相加而形成的合力要大得多。互补合力原理的意义在于表明了现实人力资源管理中人与人之间、团体与团体之间互补合力原理的重要性。

互补合力原理

这一原理运用到现实生活中去，就是要求人们学会合作，这样才能共赢。要知道，在现代社会中，任何一个人都不可能孤立地去做事，人们只有结成一定的关系或联系，形成一个群体才能共事。因此，群体内部的关系如何，直接关系到该群体

所承担任务的完成好坏。

人各有所长也各有所短，一个群体内部各个成员之间应该是密切配合的互补关系，这样才能使每个人的长处得到充分发挥，避免个人的短处对工作的影响，这就叫作互补。互补产生的合力比单个人的能力简单相加而形成的合力要大得多。

就像拿破仑在其著作中写的：两个马木留克兵绝对能打赢三个法国兵，一百个法国兵与一百个马木留克兵势均力敌，三百个法国兵大都能战胜三百个马木留克兵，而一千个法国兵则总能打败一千五百个马木留克兵。这是因为：当个体与个体之间、个体与群体之间具有相辅相成作用的时候，群体的整体功能就会正向放大，反之，整体功能反向缩小，个体优势的发挥也受到人为的限制。

1. 物体运动状态改变的多少和施加在物体上的力有关。

2. 力直接或者间接施加在物体上。

3. 力作用于物体会改变物体的运动状态，如：球沿着不同斜面的运动、拔河时两队的平衡和移动。

拍疼的手掌

力不能离开物体单独存在，所以力都是成对出现的。
作用力与反作用力是两个力作用在两个物体上。

最近，歪博士有了一项新发明——超级变形金刚，它不仅可以变身，而且还是个智能机器人，会说话会走路，还会做饭呢！

一听到这个消息，方块、红桃和梅花赶忙跑来智慧屋，准备看一看歪博士的新发明。

方块看到这个新发明后，一度觉得这个超级变形金刚就是智慧 1 号的升级版，甚至还开玩笑地说：“歪博士，有了超级变形金刚，你是不是就不需要智慧 1 号了呀？如果是，那把智慧 1 号送给我好吗？”

听了方块的话，正在帮大家准备晚饭的歪博士赶忙笑着解释道：“那可不行哦……智慧 1 号可是我的第一个机器人作品，我是永远也不会放弃它的……”

“哈哈，歪博士，我是开玩笑呢！”方块坏笑着说，“智慧 1 号对您有多重要，我还能不知道吗？”

“方块，你刚才那么问，就不怕智慧 1 号听到了会伤心吗？”梅花一边帮歪博士洗菜，一边责备道。

“是啊，方块，别看智慧 1 号是个机器人，但它的心思可是非常细腻的呢！”红桃也跟着责备道。

“好啦好啦！”方块有些不耐烦地说，“我只不过是开玩笑嘛，又不是故意的……那要不……要不我去跟智慧 1 号拥抱一下吧！”

说完，方块便朝着正在实验室工作的智慧 1 号大喊一声：“智慧 1 号！”

听到呼唤后，智慧 1 号很快便从实验室走了出来。方块张开手臂兴奋地冲了过去，想要给智慧 1 号一个大大的拥抱。然而，被智慧 1 号直接拒绝了，用冷冰冰的声音说："智慧 1 号不想拥抱！"

看到方块撞了南墙，歪博士、红桃和梅花忍不住偷笑起来。

无奈之下，为了化解尴尬，方块赶忙伸出右手，然后对智慧 1 号说："智慧 1 号，既然不拥抱，那我们击个掌吧！"

面对方块的热情，智慧 1 号似乎有些不好拒绝了，于是，他缓缓地举起自己的左手，然后和方块来了一次击掌。

只听到"啊"的一声，方块突然用左手握住了自己的右手，一边痛苦地呻吟，一边两只手快速地相互搓着。

"哎哟，疼死我了！"方块边搓手边喊。

"方块，你怎么了？"歪博士看到后，赶快走过来问。

任何一道力都可以被认为是作用力，而其对应的力自然成为伴随的反作用力。这成对的作用力与反作用力称为"配对力"。

"歪博士，智慧 1 号的力气实在是太大了……我感觉自己的手都要被拍断了！"方块有点痛苦地说。

"你觉得疼，那智慧 1 号同样也会疼呢！"梅花安慰他说，"力是相互的，并不是只有你一个人疼哦！"

"啊？还有这道理？明明是智慧 1 号把我拍疼了！"方块有些委屈地说。

炮弹向前运动时，炮身会向后运动？

这是作用力与反作用力原理。当物体甲给物体乙一个作用力的时候，物体乙必然同时回敬给物体甲一个反作用力。作用力与反作用力大小相等，方向相反，而且作用在同一直线上。这是自然界万物都有的通性。我们走路的时候，脚将地往后蹬（作用力），地就把脚往前推（反作用力），使我们的身体前进。划船的时候，桨将水往后推（作用力），水将桨往前反推（反作用力），从而使船能前进。同样，往后喷射出去的燃气反推着火箭前进。炮在发射时对炮弹施加作用力，炮弹向前运动的同时，反作用力将使炮身向后运动。

歪博士解释道："方块，梅花说得没错。在力学中，力总是成对出现的。当两个物体间通过不同的形式发生相互作用，比如吸引、相对运动、形变等，由此产生的力叫作用力，而与这个作用力相反的力，就叫作反作用力，它的大小和作用力相同，但方向相反。"

"那意思就是说……我刚刚也把智慧 1 号拍疼了吗？"方块有些纳闷地问。

"方块，你问问智慧 1 号，看看它有没有感到疼呢？"红桃在一旁建议道。

还没等方块开口问，智慧 1 号就来了一句："智慧 1 号也很疼！"说完，智慧 1 号便转身回实验室了。

看着智慧 1 号的背影，大家突然忍不住笑了起来，没想到智能机器人也这么调皮呢！

作用力与反作用力

作用力与反作用力犹如一对孪生子，形影不离，不能分开。今天，我们通过实验来体会一次。

实验目的：通过两人"拍"手掌，体会作用力和反作用力是同时产生，大小相等的。

实验准备：两个人，如小明和爸爸。

实验过程：

1. 小明和爸爸都把右手伸出来，小明用手轻轻拍一下爸爸的手，体会自己的手是否也受到了力。

2. 小明稍微用力再拍一次爸爸的手，体会自己的手受到力了没有，比上次拍时受到的力大了还是小了。

3. 小明再用力拍一次爸爸的手。

物理原理： 两个物体之间的作用力和反作用力，总是大小相等，方向相反，力不能离开物体单独存在（牛顿第三定律）。

穿着旱冰鞋站在客厅一侧的墙边，用手推一下墙壁，墙壁不动，而推的人却滑走了，就是因为推的人受到了墙对人的反作用力。

科学家牛顿的趣事

关于作用力与反作用力的关系，我国先秦时代的墨子学派就曾说过"船夫用竹篙钩岸上的木桩，木桩能反过来拽着船靠岸"，后来，伟大的科学家牛顿把作用力与反作用力的原理概括成牛顿第三运动定律，即：相互作用的两个物体之

间的作用力和反作用力总是大小相等，方向相反，作用在同一条直线上。

自此，牛顿关于力学提出的第一、第二和第三定律共同组成了牛顿运动定律，阐述了经典力学中基本的运动规律。不得不说，牛顿真是位伟大的科学家。

不过，对科学研究十分严谨的牛顿，在生活里却有着不少趣事呢，不信你看！

牛顿从事科学研究时非常专心，时常忘却生活中的小事。有一次，给牛顿做饭的老太太有事要出去，就把鸡蛋放在桌子上说："先生！我出去买东西，请您自己煮个鸡蛋吃吧，水已经在烧了！"

正在聚精会神地计算的牛顿，头也不抬地"嗯"了一声。老保姆回来以后问牛顿煮了鸡蛋没有，牛顿头也没抬地说："煮了！"老太太掀开锅盖一看，惊呆了！原来，锅里居然煮了一块怀表，鸡蛋却还在原地放着。原来牛顿忙于计算，胡乱把怀表扔到了锅里。

要说牛顿最喜欢的地方，当然是实验室。他很少在凌晨两

三点钟以前睡觉，有时整天整夜守在实验室里。为他做饭的保姆只好把饭菜放在外间屋的桌子上。

有一次，牛顿的一位朋友来看他，在实验室外面等了他好久，肚子饿了就独自把桌上的烤鸡吃了，然后不辞而别。过了好长时间，牛顿的实验告一段落，他才觉出肚子咕咕在叫，赶快跑出来想吃烤鸡。当他看到盘子里啃剩下的鸡骨头时，居然对助手说："哈哈，我还以为我还没吃饭哩，原来已经吃过了呀！"

还有一回，一个好朋友请牛顿吃饭，一边吃饭一边议论科学问题。饭吃到一半的时候，牛顿站起来说："对了，还有好酒呢，我去取来咱们一起喝。"说完就向实验室跑去，一去就不回来了。朋友追过去一看，牛顿又摆弄上他的实验了。原来牛顿在取酒的路上忽然想出了一个新的实验方法，居然将取酒的事忘得一干二净了。

牛顿的这种趣事还有很多，这也从侧面说明牛顿酷爱科学，把自己的一切都献给了科学。正是因为牛顿有这种为科学献身的奋斗精神，他才能总结出牛顿三定律，对人类的进步做出了卓越的贡献。

1. 作用力和反作用力不能求和。

2. 作用力和反作用力分别作用在两个不同的物体上，各自产生的作用效果不同。

3. 作用力与反作用力的作用效果不能相互抵消。

变胖的汉堡包

加热或冷却时物体的体积会变化。

一般的物体是热的时候膨胀，冷的时候收缩，但水结冰时体积会膨胀。

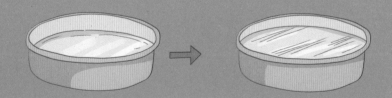

周六午后，方块和红桃一起在足球场里练习足球，因为下个礼拜就是学校的足球比赛了，方块和红桃作为班级足球队的两个前锋队员，肩上担负着非常重要的责任。

"方块，你觉得我们会赢得比赛吗？"红桃一边用脚颠球，一边问道。

"必须要赢呀！"方块昂首挺胸地说，"我们可是练习了好久呢！"

"我也这么觉得呢！"红桃嘴角露出笑容，"方块，我们再来练习一会儿吧！"

"好呀！"方块爽快地答应道，然而就在他刚一碰到足球时，突然从他的肚子里传来"咕噜"一声，这是饥饿的信号！

"糟糕！"方块赶忙用手捂住自己的肚子，一脸尴尬地说，"红桃，我好像有些饿了！"

看到方块的窘样，红桃忍不住笑道："方块，你确定只是有些饿吗？我怎么觉得你是饿坏了呢？"

"哈哈，被你看穿啦！"方块不好意思地笑道。

于是，两个人暂停了练习，一起朝附近的小超市走去。在超市简单逛了一圈后，方块和红桃各自拿了一个汉堡包，然后交给收银员帮忙加热。

两分钟后，伴随"叮"的一声，收银员从微波炉里拿出了热好的汉堡包。当方块和红桃接过汉堡包后，突然发现，眼前的汉堡包似乎比之前大了很多。

"红桃，我怎么觉得汉堡包变胖了呢？"方块盯着自己手里的汉堡包，奇怪地说。

知识拓展

热胀冷缩是一般物体的特性，但水（4℃以下）、锑、铋、镓和青铜等物质，在某些温度范围内受热时收缩，遇冷时会膨胀，恰与一般物体特性相反。

"我也这么觉得！"红桃说，"感觉不止变胖了两倍呢！"

就在方块和红桃对着手里的汉堡包发愣时，梅花突然走了进来。

"哎，方块、红桃，你们俩怎么在这里？"梅花诧异地问。

听到梅花的声音，方块和红桃这才回过神来，赶忙异口同声地回答："我们来买吃的……你怎么会来这里呢？"

"我来帮妈妈买酱油……"说着，梅花发现方块和红桃人手一个汉堡包，然后笑道，"你们干吗望着汉堡包发呆呀？"

"不是发呆！"方块赶忙解释道，"是我们发现汉堡包居然会变胖呢！"

"对呀，梅花，这个汉堡包明明原来只有这么大，"红桃一边用手比画一边解释道，"可从微波炉里出来后，它就变这么大了！"

智慧问答

　　生活中，人们可以通过加热和冷却物体做哪些事情？

　　生活中，人们可以通过加热和冷却物体实现的事情有：使乒乓球变鼓、弯玻璃管、炼钢提纯，此外，还有夏天架线要松些、夏天车胎里的气不要充太足。

听了方块和红桃的话，梅花忍不住笑道："这是因为汉堡包受热以后变大了呀！难道你们不知道热胀冷缩的原理吗？"

"热胀冷缩！"方块和红桃重复道，"这是什么原理呀？"

"热胀冷缩是指物体受热时会膨胀，遇冷时会收缩的物理原理。"梅花解释道，"物体内的粒子运动会随温度改变，当温度上升时，粒子的振动幅度加大，使物体膨胀；而当温度下降时，粒子的振动幅度便会减小，从而使物体收缩。"

"原来是这么回事啊！"方块听后恍然大悟，"我还以为汉堡包会变身呢！"

说完，三个小伙伴你看看我，我看看你，忍不住相视而笑。

会走路的杯子

杯子可能会走路吗？小朋友们，让我们一起来做个实验吧！

安全提示：本实验要用到蜡烛，小朋友们一定要在爸爸妈妈的陪同下做，避免受伤。

实验目的：了解热胀冷缩原理。

实验准备：玻璃板、玻璃杯、垫板、蜡烛。

实验过程：

1. 将玻璃板放在水里浸一下，然后一端放在桌上，另一端

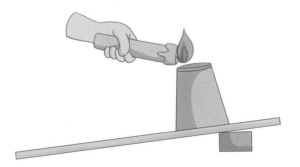

用垫板稍微垫起来（倾角约20°左右）。

2. 将玻璃杯的杯口沾些水，倒扣在玻璃板上，杯子在玻璃板上静止不动。

3. 用点燃的蜡烛去熏烧杯子的底部，会发现玻璃杯竟会自己往下滑。

物理原理：

当烛火熏烧杯底时，杯内的空气渐渐变热膨胀，要往外挤，但是，杯口是倒扣着的，又有一层水将杯口封闭，热空气跑不出来，杯内的空气受热膨胀对杯子顶部有向上的作用力。杯子对玻璃板压力变小，减小了玻璃杯子与玻璃板间的摩擦力，玻璃杯子在自身重力的作用下，就自己下滑了。

由于铁轨有热胀冷缩的特性，因此铁轨连接时须保留一定的间隙，以防止气温升高时，铁轨因受热膨胀伸长而相互推挤变形。

能量守恒定律

能量既不会凭空产生，也不会凭空消失，它只会从一种形式转化为另一种形式，或者从一个物体转移到其他物体，而能量的总量保持不变。能量守恒定律是自然界普遍的基本定律之一，"热胀冷缩"是能量守恒的典型现象。

能量守恒定律可以表述为：一个系统总能量的改变只能等于传入或者传出该系统的能量的多少。总能量为系统的机械能、热能及除热能以外的任何内能形式的总和。

当然，在自然界中也有不少物质的脾气很古怪，它们不是热胀冷缩，而是热缩冷胀，这在物理学中被称作"反常膨胀"，最典型的例子就是4℃以下的水。

水在4℃时的密度最大，体积最小。温度逐渐下降时，它的体积反而在逐渐增大，结成0℃的冰时，它的体积不是缩小而是胀大，比原来大约要增大十分之一。由于4℃的水密度最大，所以在北方寒冷的冬天里，河的表面结了厚厚的一层冰，但在冰层的下面，水温总保持在4℃左右，这为水中生物提供了良好的生存环境。

对于自然界中的反常现象，人们总会想出各种办法来加以利用，比如水的这种反常膨胀的特性就被人们用在了餐饮中，

并研制出了别具风味的冻豆腐。其做法是让豆腐中的水结冰后，体积膨胀把豆腐中原来的小孔撑大，当冰融化后，水从一个一个的小孔中流出来，豆腐里就留下了无数个小孔，整块豆腐呈泡沫塑料状，这样，冻豆腐经过烹调后，小孔里盛满了汤汁，吃起来味道就非常鲜美。

1. 气体不仅有受热膨胀的特性，而且遇冷还会收缩。

2. 自然界中许许多多的物体都具有热胀冷缩的性质，物体的这种性质给人们的生活带来了许多方便，但也带来了一些麻烦。

3. 在相同条件下，气体膨胀得最多，液体膨胀得较多，固体膨胀得最少。

谁偷喝了可乐?

　　物体间由于相互挤压而垂直作用在物体表面上的力，叫作压力。

　　压强是表示物体单位面积上所受力的大小的物理量。

什么是压强？

压强和温度有什么关系？ >>>

暑假的一天，太阳热辣辣的，红桃和方块在外面踢了一会儿球，就热得满头大汗。

方块气喘吁吁地说："不行，太热了，不踢了，我们去买瓶冰镇可乐喝吧，天气这么热，一瓶可乐下去，一定非常爽。"

红桃高兴地说："好啊，走，今天我请客，作为你上次请我吃辣条的回报！"

方块一听，把眼睛瞪得大大的，高兴地说："这样的话我就不客气啦！"

于是，红桃和方块一起来到小区门口的超市，一人买了一瓶冰镇可乐，美滋滋地喝了起来。方块喝得很快，不一会儿，一瓶可乐就见底了。他有些扫兴地说："哎呀，别看瓶子这么大，里面的可乐却这么少，很快

就喝完了。你看，这可乐瓶子里有好大一块是空的，要是都能装满，该有多好呀！"

红桃看了看自己的可乐瓶子，说："我也注意到了，啤酒和可乐之类的饮料，瓶子都没有装得很满，而是有一定的空间，这是为什么呢？"

方块不假思索地说："我想，这瓶子原本一定是满的，被人偷喝了，才变成现在这样。"

红桃摇摇头说："虽然我也不知道具体是什么原因，但我觉得一定不是你说的这样。要不我们去问问歪博士吧，他一定知道答案。"

红桃和方块兴冲冲地来到智慧屋，按响了门铃。不一会儿，门开了，智慧1号站在门口说："欢迎光临。"

方块大声说："智慧1号，歪博士在家吗？我们有问题要问他。"

智慧1号还没来得及说话，实验室里就传来了歪博士的声音："我在，你们进来吧。"

红桃拉着方块冲进实验室，大声说："歪博士，刚才我们两个喝了冰镇可乐。"

歪博士兴奋地说："哦？你们是觉得可乐太好喝，所以给我也送一瓶吗？"

红桃笑着说："不是的博士，是我们两个想知道，可乐瓶子为什么不是装得满满的，而是留有一定的空间呢？"

方块抢着说："对呀对呀，我说是有人偷喝了可乐，可是红桃觉得我说得不对，所以我们来找您做裁判。"

歪博士有些失望地说："原来是来问问题的呀，我还以为是来给我送冰镇可乐的呢！"

方块说："博士，要是你能回答我们这个问题，我们就送您一瓶冰镇可乐。"

博士笑着说："那你们可不要耍赖！"

方块拍着胸脯说："保证不耍赖。"

博士笑着说："这和压强有关。"

托里拆利是意大利数学家、物理学家，也是伽利略的学生和其晚年的助手。1643年6月20日，意大利科学家托里拆利通过实验测出，1个标准大气压的大小约为760毫米汞柱或10.3米水柱。

方块说："博士，我知道什么是压强，可是可乐不装满跟压强有什么关系呢？"

博士说："因为物体的压强会随温度的变化而变化，如果温度上升，饮料的体积就会变大，压强也会增大。要是把饮料瓶装得满满的，遇到高温的时候，瓶内的压强增大，就很有可能把瓶子胀破，或者冲破瓶盖，这样会有危险的。"

红桃点点头说："我明白了。"

方块也点点头说："我也明白了，上周我的自行车突然爆胎了，我还以为是谁给我扎坏了，现在想来，应该是我把气打得太足了。"

博士笑着点点头说："没错。天气这么热，车胎里的压强增大，然后就爆炸了呗！"

方块挠着头说："为了找到把我的自行车胎扎坏的'凶手'，我一连盯梢了好几天，晒得我都快成木炭了！"

博士笑着说："下次遇到问题先来问问我，不要私自行动。"

方块说："不不不，这是一种乐趣，我还是喜欢当侦探的感觉！"

既然存在大气压强，人为什么没有被压扁？

科学家经过检测得出，一个标准的大气压大约为1千帕，这个压力就好像有一辆小汽车压在人的头上，可是人为什么没有被压扁呢？因为人的身体是中空的，在外界气体分子给身体施加巨大压力的同时，身体里面也存在着一种大小相同方向相反的力，这两个作用力平衡，所以人不会被压扁。

红桃打断他们，说："博士，我这就去给您买冰镇可乐！"

博士笑着说："不用买了，碳酸饮料还是要少喝。"

自动喝水的杯子

压强真的这么神奇吗？不如来做一个可以自动喝水的杯子，来亲自体会一下吧！

这就是科学

安全提示：本实验要用到火，要在爸爸妈妈的陪同下做，避免发生危险。

实验目的：

观察封闭容器中的燃烧使容器中气压变小。

实验准备：

一个浅盘子、一个玻璃杯、一张薄纸、火柴。

实验过程：

1. 把浅盘子放到桌上，盘内装少量水。

2. 将纸点燃，迅速塞入玻璃杯内。

3. 立刻将玻璃杯杯口向下倒扣在盘中。

4. 杯子就像一个干渴的喉咙，会把盘子里的水"喝"掉，而且进入杯子里的水不会再流出来。

物理原理：

纸燃烧之后，杯子里的气压会变小，在大气压强的作用下，水会进入杯子中。

方块爱生活

骆驼的脚掌大，能减小对沙地的压强；钉子的头很尖，能增大对接触面的压强。

红桃
讲故事

马德堡半球实验

1654 年 5 月 8 日，德国马德堡广场上聚集了很多人，其中还有很多贵族，他们来做什么呢？原来，他们是来看即将在这里进行的一场实验。

之前，科学家葛利克说：我们生活在空气中，每个人身上都要受到 20 多吨重的大气压。可是大家都不相信他说的话。为了证实自己的说法，葛利克和助手做了两个黄铜半球，直径 14 英寸，约 37 厘米，并在马德堡进行实验。

葛利克和助手当着大家的面，把这两个黄铜的半球壳中间垫上橡皮圈，再加两个半球壳灌满水，放在一起；随后，他们把半球里的水抽出来，让球内变成真空，再把气嘴上的龙头拧紧封闭。在大气的作用下，两个半球紧紧地压在一起。

　　然后，葛利克指挥马夫牵来 16 匹高大的马，先在球的两边各拴 4 匹，然后像拔河一样，朝两边拉这个球，可是，铜球根本没有分开。

　　接下来，葛利克又指挥马夫在球的两边各拴 8 匹马，开始向两边拉。终于，铜球分成了两半。

　　葛利克举起这两个半球，自豪地说："女士们，先生们，现在你们该相信大气压强的存在了吧……"

1. 物体所受的压力与受力面积之比叫作压强。

2. 在压力一定时，增大受力面积可以减小压强。

3. 在受力面积一定时，增大压力可以增大压强。

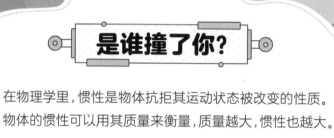

是谁撞了你?

在物理学里,惯性是物体抗拒其运动状态被改变的性质。物体的惯性可以用其质量来衡量,质量越大,惯性也越大。

什么是惯性？

惯性和质量有什么关系？　　>>>

"铃铃铃"，下课铃声响起，方块和红桃随着老师一声"下课"令下，"唰"的一下就起身往教室外跑去。

"方块、红桃！你们俩跑那么快干吗？教室的清洁卫生还没做呢！"梅花对着两人喊道。

听到梅花的叫声，已经跑到教室门口的红桃扶着门框停了下来，紧随其后的方块一下撞了上去。

"嘿，方块！你撞我干吗？疼死啦！"红桃摸着脑袋抱怨道。

"对不起，对不起，我明明已经停下来了，但可能是我方块闪电侠的速度太快了，没刹住车，嘿嘿，不好意思啦，红桃。"方块道歉说。

梅花催促着："你们两个快别磨蹭了，早点把卫生打扫完，也早点回家！"

"行行行……我们干还不成么……"方块和红桃两人一边嘟囔着，一边向堆着扫帚的角落走去。

……

公交站点，打扫完卫生的方块和红桃一边等着车，一边聊天。"哎，方块，你可别再撞我了，刚刚被你撞的，我现在还疼呢！"红桃摸着头，对方块说。"不会了，不会了，刚刚不是停不下来么，哎，红桃！车来了，走走走！"方块招呼红桃快点上车。

车上乘客爆满，虽然连落脚的地都没有，但方块和红桃的精力可不会随着拥挤而减少，他们依旧在奔驰的车上说说笑笑。突然，一只小狗

从旁边的人行道窜到了马路中间。司机见状迅速刹车，虽然避开了小狗，但方块却再一次地向前一冲，撞到了红桃身上。

红桃慢慢地转过身，一脸幽怨地看着方块说道："方块，你不是刚刚答应我，不撞我了吗？"

方块不好意思地说："红桃，你听我解释，我真不是有意的……对！是有人推我！别人推我我才撞到你！"

红桃一脸无奈地看着方块，那眼神里的不信任就仿佛在说，你是看我傻么……方块抓耳挠腮地说着："我真不是有意的，对了！你不相信我，总该信歪博士吧，我们去找歪博士评评理，看我是不是有意的。"

"哼！去就去，你都撞我两回了，我可不相信歪博士会帮着你说话！"

方块和红桃下了公交车，风风火火地跑到了歪博士的家门口，老远就看到智慧1号机器人开着门，等在门口，红桃疑惑地问道："智慧1

号，你怎么知道我们要来啊？"

"红桃你好，欢迎光临，我不知道你们要来啊，是博士点了外卖，我在门口等着送来。"

歪博士听到红桃的叫声，从实验室走了出来，看到方块和红桃两人愣了愣，问道："方块、红桃，你们今天怎么来我这了，是有什么问题要找我解答吗？"

惯性是一切物体的固有属性，无论是固体、液体或气体，无论物体是运动还是静止，都具有惯性。

方块看到歪博士，快步跑到博士面前，小嘴巴机关枪似的迅速把今天在教室和公交车上的事情给博士讲了一遍，然后委屈地说："歪博士，您快帮我向红桃解释解释吧，我真不是有意撞他的。"

歪博士看了满脸委屈的方块一眼，对红桃笑着说："红桃啊，今天

的这两个事情，你可不能全怪方块，不是他主动撞的你，你被撞是因为'惯性'。"

"惯性？惯性是谁，我又不认识他，他为什么推方块撞我？"红桃疑惑地问道，方块也是满肚子的不解。

博士解释道："物体保持静止或者匀速直线运动状态的性质叫惯性。汽车在行驶中突然静止或者转弯时，乘客却还保持着原有的匀速直线运动的惯性，身体就会向前冲，或者向左向右偏。同样的道理，汽车启动的时候，乘客还保持着静止的惯性，身体就会向后仰。"

红桃恍然大悟，一拍脑门道："我明白了！所以我被撞是因为方块存在向前的惯性，不是他故意的！"

惯性会消失吗？

在同样外力作用下，相同加速度的物体质量越大惯性越大，相同质量的物体加速度越大惯性越大。物体的惯性，在任何时候（受外力作用或不受外力作用），任何情况下（静止或运动），都不会改变，更不会消失。惯性是物质自身的一种属性。

歪博士笑道："是啊，所以你们在跑步、坐车的时候也一定要注意安全，不要跑得过快，也不要乱动。"

这时，智慧1号拿着博士买的点心进来了，红桃看到后眼睛一亮说："是啊，虽然我不怪方块了，但是我脑门上被撞的大包却还是很疼。博士，这块点心就当是我和方块的精神安慰吧！"

说完，红桃就和方块一把抢过了点心，笑呵呵地向外跑去，留下一脸惊讶的歪博士和摊手摇头的智慧1号。

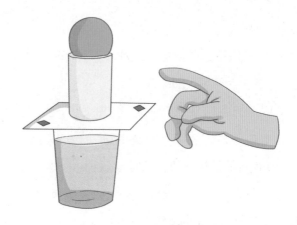

我爱做实验

鸡蛋跳水

生活中处处存在惯性，像方块和红桃坐车时的前冲，我们快速跑步冲向终点后，往往不能迅速停下脚步，而会继续向前缓冲几步等，今天就让我们通过一个简单的实验来见识见识什么是"惯性"吧！

安全提示： 本实验要用到水和鸡蛋，要在爸爸妈妈的陪同下进行，确保实验的安全性。

实验目的： 认识物体静止时的惯性。

实验准备： 1个鸡蛋、2个水杯、1枚硬币、2张扑克牌、1个卷纸筒。

实验过程：

1. 取一个杯子朝上竖立，将扑克牌居中放在杯子上。

2. 将硬币居中放在扑克牌上。

3. 用手指迅速弹走扑克牌，观察硬币掉落的情况。

4. 取第二个杯子，并倒入清水。

5. 将扑克牌居中放置在杯子上方，并在扑克牌正中央竖直放置卷纸筒。

6. 将鸡蛋横放在纸筒上方（确保鸡蛋和杯口处于同一垂直线上）。

7. 用手迅速将扑克牌弹开，观察鸡蛋掉落的情况。

物理原理：

惯性定律：一切物体在没有受到外力作用的时候，总保持静止状态或匀速直线运动状态。

当我们迅速抽出扑克牌时，不管是硬币还是鸡蛋，都还保持惯性，保持静止状态，然后因为受到重力的作用，向下运动，最后掉落进水杯里。

转动的风扇，断电后，扇叶还会继续转动就是由于惯性；走在路上，踩到西瓜皮，身体向后倾也是由于惯性。

中国的"惯性"发现之旅

不同于笛卡尔、伽利略、牛顿、爱因斯坦，我们的老祖宗早在春秋战国时期就发现了"惯性"，不止在《墨经》上有关于"惯性"的论述，在战国末期的《考工论辀人篇》中更是对"惯性"有明确的记载："劝登马力，马

这就是科学

《墨经》

力既竭，犹能一取也。"翻译过来就是：马在拉车的时候，马虽然不再对车用力向前拉了，但马车不会迅速停下来，还会再前进一段路。这不就是今天所说的"惯性"吗？

1. 一切物体都具有惯性。

2. 质量是惯性大小唯一的量度。

3. 惯性是物体的一种属性，而不是一种力。

到底谁先落地？

物体只在重力作用下从静止开始下落的运动称为自由落体运动。

自由落体运动的初速度为零。

这就是科学

方块和红桃觉得实在是太无聊了，就爬到了楼顶的天台上，看看四周的风景。可惜很快，他们就对这里的风景失去了新鲜感。

方块说："红桃，我觉得这里的风景没什么可看的，要不我们玩个游戏吧？"

红桃问："你想玩什么游戏？咱们什么都没带上来，我觉得什么都玩不了呀。"

方块神秘地说："这么点小事儿，根本难不倒我。你看这是什么？"

说着，方块就从口袋里掏出了一枚硬币。

红桃问："怎么？你要跟我猜硬币玩吗？"

方块得意地摇了摇头，说："你看你，就是缺乏想象力。我想跟你打个赌，但不是猜硬币的正反面。"

红桃的好奇心被勾起来了，他着急地说："你说吧，打什么赌？"

方块得意地说："你看，我有一枚硬币，你捡一块石头，我们同时扔下去，然后咱们猜一猜哪样东西先掉下去。输的人要给赢的人买一样好吃的。"

红桃自信地说："行，我已经想好了，我想吃辣条。"

方块不屑地说："谁输谁赢还不一定呢，我不贪心，你给我买瓶可乐就行。"

于是，方块就拿着硬币，红桃从地上捡了一块石头，来到天台的护栏旁边。方块清了清嗓子，说："红桃，你准备好了吗？我要喊开

始了！"

红桃说："放马过来吧！"

随着方块一声令下，两个人同时松开手，让手里的硬币和石头落了下去。然后，他们两个就趴在护栏上，眼巴巴等着硬币和石头落下去。

就在他们即将分出胜负的时候，楼下突然出现了一个人。石头和硬币就砸在了这个人身上。红桃和方块吓坏了，赶紧捂住了眼睛。下一秒，那个倒霉的人就大叫起来："这是谁家的孩子，怎么从楼上扔东西呢？"

红桃和方块听到是歪博士的声音，急忙大声说："对不起，歪博士，是我们。"

歪博士说："你们两个怎么回事，怎么从楼上往下扔东西呢？"

红桃说："对不起，歪博士，您不要生气，等我们下去给您解释。"

于是，红桃和方块一溜烟儿从楼上下来，对歪博士说："对不起，歪博士，我们真诚地向您道歉。"

歪博士说："先别道歉了，说说吧，你们两个为什么从楼上往下扔东西？"

红桃低着头说："是这样的，方块说要跟我打赌，看看同时从楼上把石头和硬币扔下来，哪个会先落地。"

歪博士说："我明白了，以后你们可不要这么做了，万一伤到人多不好呀。不过你们倒是挺有科研精神的，都知道做实验了。"

方块兴奋地说："是我想出来的，歪博士，但是我们现在还没有分出胜负。"

歪博士笑着说："你们是没法分出胜负的。"

方块好奇地问："为什么呢？"

歪博士说："因为它们会同时落地。"

方块惊讶地张大了嘴巴："这怎么可能呢？我觉得石头比硬币重多了，应该是石头先落地才对。"

伽利略是意大利物理学家、数学家、天文学家及哲学家，科学革命中的重要人物，被誉为"现代观测天文学之父""现代物理学之父""科学之父"及"现代科学之父"。

歪博士笑着说："这样啊，那我来考考你。如果我同时扔下一块大石头和一块小石头，你认为小石头降落的速度比大石头慢，对吗？"

方块说："没错，是这样的。"

歪博士说："那如果我把这两块石头绑在一起，会出现什么结果呢？"

方块说："两块石头绑在一起，下落得当然更快啦。"

力与热的
变奏曲

歪博士笑着说："是这样吗？你再好好想想。"

方块想了想说："不，不对，本来大石头下降挺快的，可是被小石头一拖累，速度就会减缓。"

歪博士笑着说："你看，这么一会儿你就给出了两个答案，现在你确定一下，到底哪个是对的？"

自由落体运动的特点是什么？

自由落体运动的特点：一、物体开始下落时是静止的即初速度为零。如果物体的初速度不为零，就算是竖直下落，也不能算是自由落体；二、物体下落过程中，除受重力作用外，不再受其他任何外界的作用力（包括空气阻力）或除重力外外力的合力为零；三、真空状态下，任何物体在相同高度做自由落体运动时，下落时间相同。

方块挠了挠头，有些想不明白，就不说话了。

红桃说："歪博士，我想了想刚才方块说的两个答案，好像自相矛盾，那到底哪个是对的呢？"

歪博士说："他说的两个答案呀，都不对，因为这两块石头会同时落地。这两块石头做的运动，叫自由落体运动，是指物体只在重力的作用下，从静止开始下落的运动。它们的降落时间只和高度有关，跟质量是没有关系的。"

同时落地的金属球

质量不同的两个金属球从同一高度落下的时候，真的会同时落地吗？我们一起来看看吧。

安全提示：本实验要注意安全，千万不要让坠物砸到别人。可以选择站在高一些的台阶上，不要从楼上往下扔。

实验目的：观察不同重量的物体是否会同时落地。

实验准备：一大一小两个重量不同的球。

实验过程：

1. 站在较高的位置，让爸爸或者妈妈左手右手各拿一个球，将两个球举高到同一位置，然后让它们同时落下。

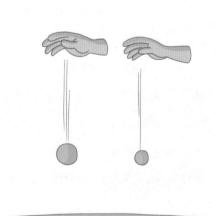

2. 观察两个球的降落时间。

3. 发现两个球会同时落地。

物理原理：

做自由落体运动的两个物体，落地的时间只与高度有关，与质量无关。

我们可以通过坠落石子来测量井口到水面的深度。

比萨斜塔实验

希腊权威思想家亚里士多德曾经断言：物体从高空落下的快慢和物体的质量成正比，也就是说重的物体下落速度快，轻的物体下落速度慢。之后的1800多年，人们一直把亚里士多德的这个论断当成真理。

直到16世纪，伽利略才发现这一理论在逻辑上存在矛盾，并推断出，物体的下降速度与重量无关，如果两个物体受到同样的空气阻力，或者忽略空气阻力，那重量不同的物体会以同样速度下落，并同时到达地面。不过，当时很多人并不认同他的这一推断。为了证明自己的观点，1859年的一天，伽利略带着他的辩论对手和很多人一起来到了比萨斜塔，然后带着两个分别重100磅和1磅的铁球来到了塔顶，并同时将这两个球抛

下。令人惊讶的是，这两个球几乎同时落地。这个结果震惊了在场的所有人。在科学界，这个实验被称为比萨斜塔实验，它证明了质量不同的物体，从同一高度坠落，将会同时落地，这一实验推翻了亚里士多德的论断，也成功地证明了，实践是检验真理的唯一标准。

1. 自由落体运动源于地心引力。

2. 自由落体运动是一种理想状态下的物理模型。

3. 通常在空气中，随着自由落体运动速度的增加，空气对落体的阻力也逐渐增加。